PATOLOGIA de TÚNEIS HIDRÁULICOS
acidentes e incidentes no Brasil

Guido Guidicini
Flavio Miguez de Mello
Newton dos Santos Carvalho

© Copyright 2022 Oficina de Textos

Grafia atualizada conforme o Acordo Ortográfico da Língua Portuguesa de 1990, em vigor no Brasil desde 2009.

Conselho Editorial Aluízio Borém; Arthur Pinto Chaves; Cylon Gonçalves da Silva; Doris C. C. K. Kowaltowski; José Galizia Tundisi; Luis Enrique Sánchez; Paulo Helene; Rosely Ferreira dos Santos; Teresa Gallotti Florenzano;

Capa e Projeto Gráfico Malu Vallim
Preparação de figuras Carolina Rocha Falvo
Diagramação Luciana Di Iorio
Preparação de textos Hélio Hideki Iraha
Revisão de textos Renata Sangeon
Impressão e acabamento BMF gráfica e editora

Dados Internacionais de Catalogação na Publicação (CIP)
(Câmara Brasileira do Livro, SP, Brasil)

Guidicini, Guido
  Patologia de túneis hidráulicos : acidentes e incidentes no Brasil / Guido Guidicini, Flavio Miguez de Mello, Newton dos Santos Carvalho. -- São Paulo : Oficina de Textos, 2022.

  Bibliografia.
  ISBN 978-65-86235-51-7

  1. Acidentes e incidentes 2. Engenharia civil 3. Túneis - Construção - Brasil 4. Túneis hidráulicos I. Mello, Flavio Miguez de. II. Carvalho, Newton dos Santos. III. Título.

22-101064   CDD-627

Índices para catálogo sistemático:
  1. Hidráulica : Engenharia 627
          Aline Graziele Benitez - Bibliotecária - CRB-1/3129

Todos os direitos reservados à **Oficina de Textos**
Rua Cubatão, 798
CEP 04013-003 São Paulo Brasil
tel. (11) 3085-7933
www.ofitexto.com.br   e-mail: atend@ofitexto.com.br

PREFÁCIO

Túneis hidráulicos são obras lineares abertas em espaços subterrâneos e que se destinam à passagem da água para os fins mais variados, tais como a adução para abastecimento em áreas urbanas, o controle de enchentes, o desvio de rios, o aporte para geração de energia ou para irrigação, a restituição das águas ao leito original, o recalque e a transposição de bacias etc. Pressurizados ou não, são obras de seção geralmente reduzida, cuja terceira dimensão, a extensão, pode variar entre dezenas de metros e dezenas de quilômetros.

O livro aborda as principais causas de acidentes e incidentes, entre as quais se destacam o conhecimento insuficiente do quadro geológico-estrutural e das características geotécnicas do meio; falhas e imprecisões na elaboração do projeto e na definição das formas de tratamento e/ou revestimento dos túneis; deficiências na aplicação das formas de tratamento e/ou inobservância das determinações de projeto; falhas e impropriedades nas etapas de enchimento, operação e esvaziamento dos túneis.

O foco deste livro são os eventos e contratempos que se manifestaram na fase operacional dos empreendimentos. Entretanto, alguns casos de acidentes de relevante impacto ocorreram na etapa final de construção e serão aqui considerados.

A obra é dividida em duas partes. A primeira consiste em um texto de caráter geral. A segunda apresenta 11 relatos de casos de acidentes e incidentes registrados no Brasil em túneis hidráulicos, sendo que oito deles são identificados, enquanto os últimos três casos descritos permanecem no anonimato, pelo fato de os autores não disporem de autorização para divulgação. Todos os casos identificados constam de registros de domínio público, na forma de artigos em revistas, congressos, livros etc.

SUMÁRIO

INTRODUÇÃO 7

PARTE I 11
1 DEFINIÇÕES E DADOS ESTATÍSTICOS 13
2 CAUSAS DE ACIDENTES E INCIDENTES EM TÚNEIS HIDRÁULICOS .. 16
    2.1   Aspectos gerais 16
    2.2   Lacunas na fase de investigações geológico-geotécnicas 17
    2.3   Falhas e imprecisões na elaboração do projeto 18
    2.4   Falhas construtivas e/ou inobservância das determinações de projeto 20
    2.5   Falhas e/ou impropriedades nas etapas pós-construtivas 30
3 DIRETRIZES DE PROJETO 32
    3.1   Aspectos gerais 32
    3.2   Tipos de revestimento 36
    3.3   Etapas de dimensionamento do revestimento 42
    3.4   Métodos de determinação da extensão da blindagem 48
    3.5   Critérios de enchimento e esvaziamento de túneis pressurizados 56
4 IDENTIFICAÇÃO DOS LOCAIS DE ESCAPE DA ÁGUA 65
5 BREVE HISTÓRICO DOS TÚNEIS HIDRÁULICOS NO BRASIL 68
6 ACIDENTES E INCIDENTES EM TÚNEIS HIDRÁULICOS NO BRASIL .. 77
7 CONSIDERAÇÕES FINAIS 82

REFERÊNCIAS BIBLIOGRÁFICAS 85

PARTE II – RELATO DE CASOS DE ACIDENTES E INCIDENTES 91
   Caso 1 – Campos Novos (SC) (túneis de desvio) 93
   Caso 2 – Furnas (MG) (túneis de desvio) 103
   Caso 3 – Guandu (RJ) 115
   Caso 4 – Itapebi (BA) 121
   Caso 5 – Usina Hidrelétrica Macabu (RJ) 136
   Caso 6 – Nilo Peçanha (RJ) (túnel de adução) 158
   Caso 7 – Sá Carvalho (MG) 162
   Caso 8 – São Tadeu I (MT) 166
   Caso 9 177
   Caso 10 184
   Caso 11 188

[As figuras com o símbolo ◪ tem sua versão colorida disponível para *download* em <www.ofitexto.com.br/patologia-tuneis>]

INTRODUÇÃO

Componentes típicos de usinas hidrelétricas e de sistemas de adução para abastecimento em áreas urbanas, os túneis de adução pressurizados ou em fase de pressurização representam, como não poderia deixar de ser, o elemento mais vulnerável à incidência de acidentes e incidentes.

Em complexos que se destinam à geração de energia elétrica ou à operação de estações de captação e distribuição de água, os túneis condutores de água se articulam e alternam com outras obras subterrâneas, quais sejam, cavernas, poços e chaminés, cada qual com sua função específica (acesso, ventilação, alívio de pressões etc.).

Veja-se, por exemplo, o caso da UHE Serra da Mesa, no rio Tocantins (GO), onde o conjunto de obras subterrâneas registra como principais componentes três túneis de adução, três túneis de pressão, casa de força de grandes dimensões, três túneis de sucção, chaminé de equilíbrio e um túnel de fuga, além de diversos outros poços de acesso, passagem de cabos e exaustão, totalizando 550.000 m³ de escavações subterrâneas em rocha (Fig. I.1).

Como contraponto ao exemplo de uma usina hidrelétrica, apresenta-se o caso de uma grande estação de captação, tratamento e distribuição de água para abastecimento da área metropolitana do Rio de Janeiro, representada pelo Sistema Guandu. Dentro desse sistema, implantou-se, na década de 1960, uma nova elevatória de água bruta partindo da estação de tratamento de água do Guandu e que consistiu na construção de um túnel sob pressão até a estação de tratamento da Elevatória do Lameirão, situada a 64 m de profundidade, toda escavada em rocha, e um túnel-canal ligando a elevatória, localizada em Santíssimo, ao reservatório dos

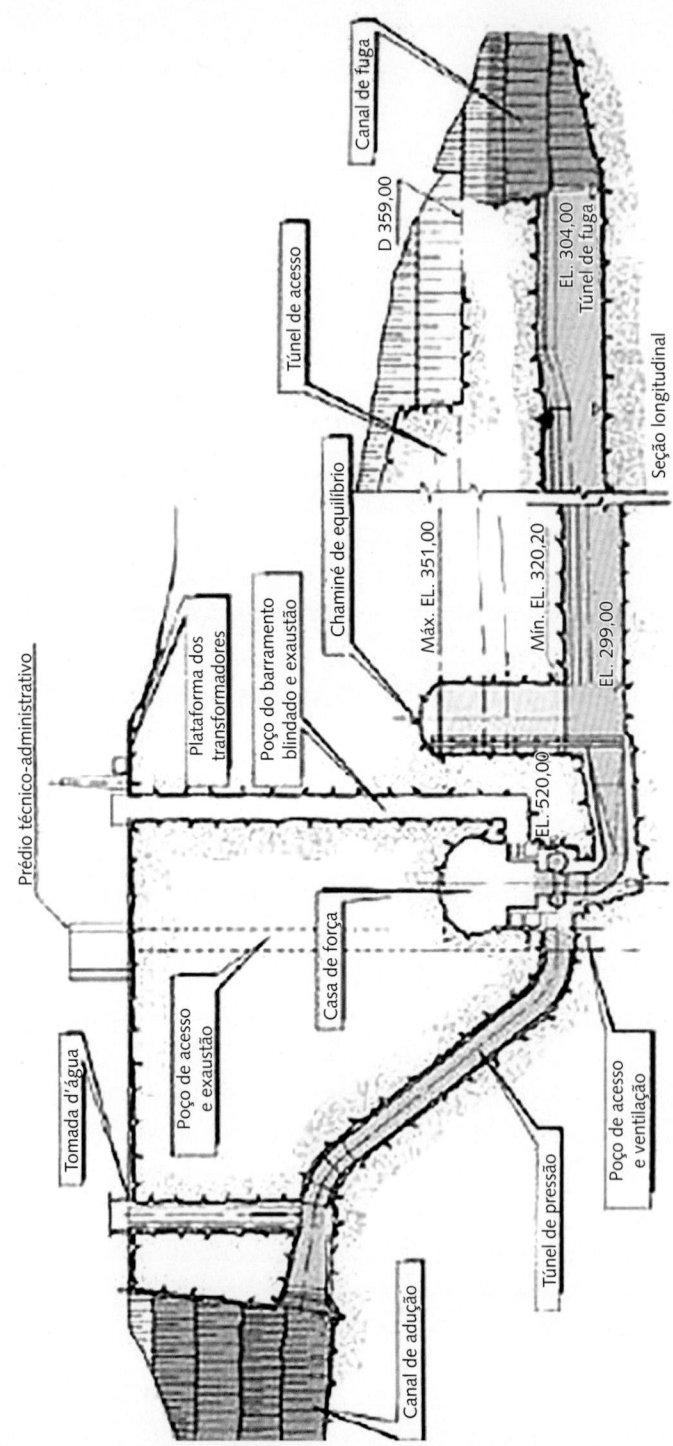

Fig. I.1 *UHE Serra da Mesa – circuito hidráulico de geração*
Fonte: Battiston (2005).

Macacos, localizado no Horto, região urbana da cidade do Rio de Janeiro. O conjunto das obras subterrâneas incluiu, além do referido túnel de pressão de 11 km de extensão, uma chaminé de equilíbrio, dois poços de recalque e um túnel-canal de 32 km, além de túneis de acesso, poços de elevadores e galerias de bombas e de válvulas (Fig. I.2).

A complexidade dos sistemas subterrâneos de condução de água em condições pressurizadas, como nos dois casos apontados, soma-se à diversidade de condições físicas, geológicas, geométricas e ambientais e constitui um desafio à capacidade de projetistas e construtores avaliarem corretamente o equilíbrio de forças atuantes (pressurização) e resistentes (meio externo), de modo a atender aos requisitos de segurança necessários.

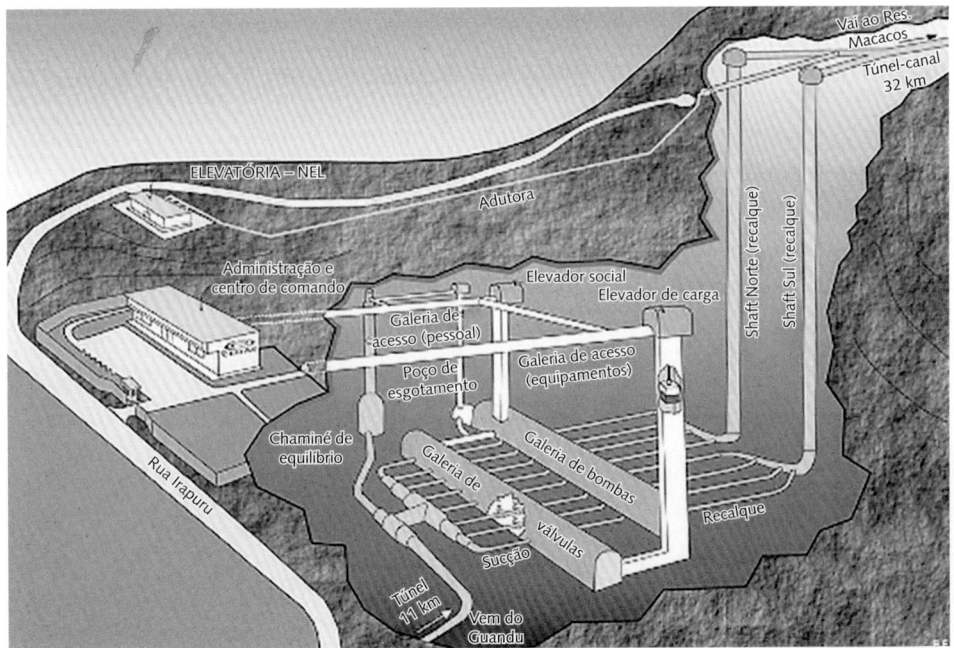

Fig. I.2 Esquema da elevatória subterrânea do Lameirão (RJ)
Fonte: Cedae (s.d.).

Parte I

DEFINIÇÕES E DADOS ESTATÍSTICOS

Ao longo do presente texto, o termo *acidente* indica a ocorrência de uma anormalidade, ou imprevisto, de proporções significativas, capaz de comprometer, parcial ou totalmente, a funcionalidade do sistema. Em obras subterrâneas, enquadram-se na categoria de acidentes as rupturas dos componentes condutores de água que determinam a interrupção das operações e requerem intervenção imediata para sua recuperação. O termo *incidente* indica a ocorrência de algum evento anormal, ou imprevisto, de amplitude limitada, que revela o desempenho inadequado de algum componente, mas sem o comprometimento do sistema, requerendo a adoção de medidas corretivas, sob risco de agravamento.

A documentação disponível sobre acidentes e incidentes na fase operacional de obras subterrâneas é escassa, devido às costumeiras divergências entre as partes envolvidas na identificação das causas e na atribuição de responsabilidades, que restringem a divulgação das informações. Na fase pós-construtiva, quando qualquer contratempo tende a adquirir dimensões avultadas pelos reflexos negativos na operacionalidade do sistema e nas consequentes implicações financeiras, as restrições à divulgação dos dados se multiplicam e pouquíssimos casos alcançam notoriedade ou têm seus aspectos técnicos divulgados.

Via de regra, as disputas entre as partes envolvidas se protraem por anos, na esfera judicial ou fora dela, e a discussão dos aspectos técnicos se restringe ao âmbito das audiências. Assim, considera-se auspiciosa a possibilidade de colocar em discussão alguns poucos casos de acidentes e incidentes em túneis hidráulicos registrados na etapa final de construção e/ou operacional e que, por uma razão ou por outra, ultrapassaram as referidas barreiras e se tornaram de domínio público.

A escassez na divulgação de casos de acidentes e incidentes em túneis pressurizados não se restringe ao Brasil, mas ocorre de forma generalizada em campo internacional, onde, entretanto, é ao menos possível acessar algumas informações sobre o tema, por obra de um punhado de autores.

Em sua tese de doutorado, Lamas (1993) apresentou uma relação de 71 casos de deterioração em túneis e poços pressurizados, provenientes de 22 países, agregando dados anteriores de diversos autores, entre eles Brekke e Ripley (1987), Ming (1987), Erzinclioglu (1989) e Stematiu e Paunescu (1993).

O conceito de deterioração adotado por Lamas provém da Comissão de Deterioração de Barragens e Reservatórios da Comissão Internacional de Grandes Barragens (ICOLD) e engloba qualquer manifestação de comportamento inadequado, do ponto de vista de segurança e de desempenho, seja na fase de construção, seja na fase de operação, incluindo os casos de ruptura (ICOLD, 1981). O termo *deterioração* possui, segundo Lamas, ampla abrangência, uma vez que abarca tanto os acidentes quanto os incidentes, sendo que os primeiros se referem a casos que transgridem as normas de segurança global, envolvendo perdas de vidas e de propriedades, enquanto os segundos acarretam danos ou afetam as condições de operação, limitadamente, exigindo a adoção de medidas reparadoras.

Através da avaliação de uma coletânea de eventos, Lamas agrupa os casos de deterioração em sete classes, apresentadas na Tab. 1.1, que também contém o número de ocorrências de cada classe.

Ressalta-se, conforme referido anteriormente, que a coletânea de eventos apresentada por Lamas inclui alguns casos de deterioração ocorridos na fase construtiva. Os casos analisados se distribuem, em função do tipo de revestimento do túnel ou do poço pressurizado, de acordo com a Tab. 1.2.

Constata-se que a maioria dos casos se enquadra nas categorias de túneis não revestidos ou revestidos com concreto simples. A quase ausência de casos em concreto projetado deve-se provavelmente ao fato de que este é considerado frequentemente como caso de túnel sem revestimento ou cai na categoria de túnel revestido com concreto simples.

Uma correlação de interesse consiste em assinalar em que fase da vida do túnel foi registrada a deterioração, conforme consta da Tab. 1.3.

A maioria dos casos coletados ocorreu na etapa operacional, com cerca de dois terços dos eventos, seguida pelos casos de deterioração no primeiro enchimento, que representa o "momento da verdade", quando o novo sistema é submetido a um teste global, capaz de apontar qualquer inadequação que tenha passado despercebida na etapa construtiva ou mesmo no projeto.

Tab. 1.1 Classes de deterioração em túneis pressurizados

Classe	Descrição do tipo de deterioração	Número de casos
A	Confinamento inadequado, resultando em vazamentos excessivos, macaqueamento hidráulico ou instabilidade do maciço, incluindo escorregamentos e subpressões	26
B	Feições geológicas peculiares de elevada condutividade hidráulica, resultando em vazamentos, macaqueamento hidráulico ou instabilidade do maciço, incluindo escorregamentos e subpressões	8
C	Deterioração do maciço rochoso, por erosão, dissolução ou expansibilidade de estratos, causando vazamentos excessivos, queda de blocos ou instabilidade do maciço	21
D	Pressões de água excessivas contra barreiras impermeáveis, tais como estratos ou falhas preenchidas por argilas, levando à movimentação e à instabilidade do maciço rochoso, incluindo escorregamentos	3
E	Maciço rochoso deformável, injeções ineficientes ou construção deficiente, resultando na ruptura do revestimento devido ao excesso de pressões internas	6
F	Empenamento da blindagem causado por pressões externas de água ou por injeções	7
G	Flutuação dinâmica da pressão d'água	6

Fonte: modificado de Lamas (1993).

Tab. 1.2 Deterioração × tipo de revestimento

Tipo de revestimento	Número de casos
Não revestido	22
Concreto projetado	1
Concreto simples	20
Concreto armado	13
Concreto protendido	3
Blindagem de aço	10
Não especificado	2

Fonte: Lamas (1993).

Tab. 1.3 Deterioração × fase de detecção

Fase da detecção	Número de casos
Construção	4
Primeiro enchimento	14
Operação normal	48
Esvaziamento/novo enchimento	5
Não especificado	1

Fonte: Lamas (1993).

2 CAUSAS DE ACIDENTES E INCIDENTES EM TÚNEIS HIDRÁULICOS

2.1 Aspectos gerais

A abertura de um túnel representa um evento invasivo para o meio físico em que é inserido, seja rochoso ou terroso, analogamente a uma intervenção cirúrgica no corpo humano, com todas as consequências e reflexos que disso decorrem. O meio físico, que se encontrava em equilíbrio, é repentinamente submetido à remoção de uma parcela de sua massa. Desencadeia-se então um rearranjo espacial em busca de uma nova condição de equilíbrio, que depende das características físicas e mecânicas do meio impactado. O campo de tensões resulta modificado e a rede de fluxo existente, imposta pela presença de nível freático, passa a ser atraída ou dispersa pela nova cavidade, que atua à semelhança de um grande dreno ou de uma grande fonte, podendo sofrer alterações significativas. Caso o meio impactado possua características geomecânicas pobres, a permanência da cavidade estará na dependência de intervenções que a auxiliem a se manter nas dimensões planejadas.

A grande diversidade de aspectos associados a projeto, construção e operação de obras subterrâneas dificulta a sistematização das causas de acidentes e incidentes, mas, ao mesmo tempo, induz a cogitar uma primeira forma genérica de ordenamento. Adotando-se o critério sequencial cronológico, que ordena as ocorrências nas diversas etapas de implementação do projeto, pode-se dizer que a origem de acidentes e incidentes ocorridos na fase operacional decorre de:

- conhecimento insuficiente do quadro geológico-estrutural e das características geotécnicas do meio rochoso/terroso devido a lacunas na fase de investigações, incluindo interpretação inadequada;

- falhas e imprecisões na elaboração do projeto e na definição das formas de tratamento e/ou revestimento das superfícies internas dos túneis;
- na fase construtiva, deficiências na aplicação das formas de tratamento e/ou inobservância das determinações de projeto;
- falhas e impropriedades nas etapas de enchimento, operação e esvaziamento dos túneis;
- drenagem insuficiente do maciço que envolve os túneis;
- estimativas irreais das tensões virgens no interior dos maciços rochosos que envolvem os túneis e dos excessos de pressões internas e externas;
- velocidades exageradas e/ou imprevistas de fluxos de água;
- incidência de intensos e/ou frequentes transientes hidráulicos devidos a golpes de aríete, originados de erros de dimensionamento e/ou de operação.

Algumas das referidas causas são a seguir abordadas, com breves comentários sobre os eventos mais frequentes e plausíveis de ocorrer.

2.2 Lacunas na fase de investigações geológico-geotécnicas

A aquisição de informações sobre a geologia do traçado do túnel e de seu meio envolvente segue uma trajetória progressiva que se inicia com as investigações prévias e se acentua na fase construtiva, que equivale a uma cirurgia propriamente dita, com acesso visual direto ao meio investigado.

O grau de conhecimento nas etapas prévias à construção costuma ser escasso, em razão das dificuldades, limitações e custos de aplicação das técnicas de prospecção disponíveis ou pela profundidade e extensão das obras subterrâneas. Em geral, as investigações por sondagens mecânicas e geofísicas se restringem às áreas de emboque, desemboque e eventuais selas topográficas, visto que o percurso de um túnel pode ser de difícil alcance em profundidade. As sondagens têm sabidamente limitado poder de caracterização, em termos de parâmetros geomecânicos em 3D, devido a sua representatividade localizada. O mapeamento geológico-estrutural, realizado em superfície, procura suprir essas deficiências, mas trata-se de um exercício de extrapolação de informações em profundidade, passível de incorrer em grandes imprecisões. Raras vezes, e somente em casos de grandes obras, lança-se mão de poços e galerias de grande profundidade e extensão, para melhor caracterização do meio através de ensaios *in situ*.

Será somente na etapa construtiva que as características geológicas e geomecânicas do traçado do túnel serão identificadas com clareza e precisão, através de trabalho de mapeamento, utilizando procedimentos padronizados que irão permitir o ajuste do projeto às reais condições de campo.

A evolução das técnicas de classificação geomecânica de paredes e abóbada dos túneis tem conduzido a um nível de precisão suficiente para permitir a definição das formas de tratamento das diferentes classes de maciço com razoável segurança. Uma ferramenta de grande utilidade, de aquisição relativamente recente, consiste no televisamento (ou televisionamento) dos furos de sondagens, com obtenção de imagens, que constituem um testemunho de sondagem virtual e a partir das quais é possível interpretar e extrapolar a estruturação real do maciço rochoso. Devidamente aplicadas, as formas de tratamento preconizadas a partir da classificação feita à medida que as escavações avançam têm resultado em redução significativa de acidentes e incidentes.

2.3 Falhas e imprecisões na elaboração do projeto

A inserção de um túnel pressurizado em uma encosta é uma operação que requer um cuidadoso planejamento, visto que, para que tal operação resulte bem-sucedida, deve-se levar em consideração uma série de condicionantes de suma importância. Nesse contexto, acidentes e/ou incidentes podem resultar de erros ou imprecisões na avaliação dessas variáveis.

O projeto de túneis, longe de ser concebido como uma atividade que possa ser definida previamente à etapa construtiva, está sujeito a ajustes em função de informações obtidas na fase de construção, de forma progressiva. Lacunas na definição das formas de tratamento do maciço rochoso/terroso decorrem principalmente da não interação do projeto com a classificação geomecânica na etapa construtiva, o que resulta em diretrizes construtivas imprecisas e, possivelmente, inadequadas.

Um caso típico é representado pelo fenômeno de macaqueamento hidráulico em túneis sob pressão, que constituem um sistema fechado, envolvido por um meio natural que deve ser capaz de resistir às pressões internas que lhe são impostas. Quando as pressões internas ultrapassam a resistência do meio envolvente, cessa a condição de confinamento e as águas contidas abrem caminho rumo ao meio externo, através de descontinuidades preexistentes ou induzidas.

Surge então a discussão em torno da escolha do(s) critério(s) para a determinação da extensão da blindagem ou de outro revestimento em túneis hidráulicos pressurizados. Existem alguns procedimentos consagrados, lastreados em grande número de experiências prévias, de caráter empírico. Critérios teóricos definem os requisitos mínimos necessários, mas não suprem as necessidades reais, que variam de caso a caso. Prevalecem, assim, os critérios empíricos, que levam em conta a natureza do relevo e da cobertura rochosa, buscando identificar as possíveis situações críticas. Eventuais erros na adoção desses critérios podem resultar na insuficiência da extensão da blindagem, colocando em risco a integridade do conjunto das obras.

Os casos de acidentes relacionados ao excesso de pressões internas em túneis, em relação à capacidade de confinamento do meio envolvente, têm se manifestado sem demora após a entrada em carga, pois não estão relacionados ao fator desgaste, mas sim ao desequilíbrio entre as tensões impostas e a capacidade resistente. Esse é o caso, por exemplo, do rompimento do túnel de adução da Central Hidrelétrica Macabu (RJ), que em 1961 sofreu sério acidente durante a elevação do nível do reservatório e, consequentemente, da pressão no interior do túnel (ver segunda parte do livro – Caso 5).

As causas do rompimento da seção do túnel foram relacionadas à insuficiência de armação no revestimento de concreto, no trecho em que a seção cedeu, onde a rocha circundante se encontrava muito alterada e fraturada. Segundo foi detectado na época das investigações do sinistro, embora o projeto especificasse um reforço de armação em trechos de rocha intemperizada, aplicou-se no trecho rompido o tipo de armação recomendado para condições de confinamento em rocha sã, de menor capacidade de resistência. A Fig. 2.1 exibe o tipo de armação dimensionado para as duas condições diferentes.

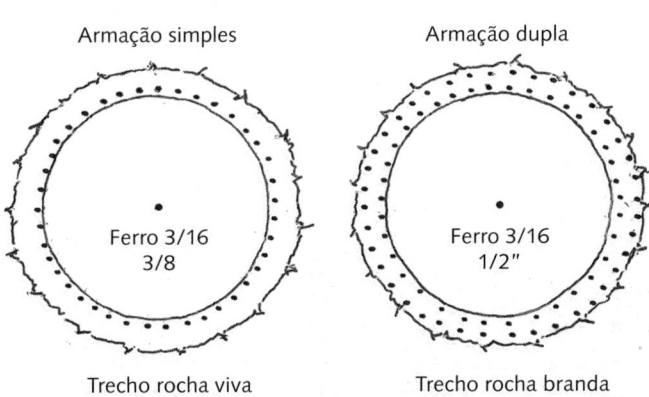

Fig. 2.1 *Tipos de armação empregada no túnel de adução de Macabu, em função da qualidade de terreno, de acordo com o projeto (desenho 59-06-1207, agosto de 1950)*
Fonte: modificado de CELF (1972).

As investigações constataram que no trecho onde ocorreu o acidente havia exatamente a ferragem projetada para "rocha viva", quando na realidade, em face das características geológicas naquele trecho do túnel, exigia-se que fosse colocada uma armação dupla especificada para "rocha branda". Esse tema é objeto de outras considerações na seção a seguir.

2.4 Falhas construtivas e/ou inobservância das determinações de projeto

2.4.1 Inadequação do plano de desmonte a fogo

Falhas construtivas são de natureza variada, começando pela não consideração do sistema de compartimentação do maciço rochoso na definição do esquema de escavação a fogo, adotando-se um plano de desmonte padrão que irá provavelmente resultar na obtenção de uma cavidade disforme, com sobrescavação excessiva.

Esse é o caso ocorrido na abertura de um túnel de adução em maciço granito-gnáissico, com sistema de compartimentação cúbico, seção em arco-retângulo, com cerca de 45 m² de área e extensão aproximada de 1.000 m, escavado adotando-se um plano de desmonte padrão, que resultou em níveis de sobrescavação variáveis em função da classe de maciço rochoso, mas significativamente elevados em todas as classes. Como se depreende da Tab. 2.1, a sobrescavação média oscilou entre 30% para a classe C1 de maciço até 53% para a classe C5, com pico de 81% e média geral de 33%. O significado físico da média geral equivale a acrescentar em volta da seção do túnel uma faixa com 0,73 m de largura ou, em outras palavras, a escavar 15 m³ a mais por metro linear.

Tab. 2.1 Correlação entre classe de maciço rochoso e sobrescavação em um caso real de abertura de túnel em maciço granítico

Seções de escavação	Classe de maciço rochoso				
	C1	C2	C3	C4	C5
Sobrescavação média (%)	29,87	34,28	35,50	35,53	53,28
Largura da faixa de sobrescavação média da seção (m)	0,66	0,75	0,78	0,78	1,17

O gráfico da Fig. 2.2 apresenta a distribuição da sobrescavação ao longo do referido túnel, associada à classe de maciço rochoso.

A escavação do túnel procedeu a partir de duas frentes de avanço (emboque e desemboque). As informações obtidas, aqui apresentadas de maneira sumária, são indicativas de que o plano de desmonte a fogo inicialmente assumido não sofreu mudanças no sentido de buscar resultados melhores, tendo permanecido o mesmo até o final das escavações. A abertura do túnel com seção em arco-retângulo em um maciço granito-gnáissico com sistema de compartimentação cúbico foi conflituosa e resultou nas sobrescavações anteriormente referidas. A Fig. 2.3 traz uma imagem de um dos emboques do túnel de adução e mostra a dificuldade de compatibilização do projeto com a realidade de campo, isto é, com o sistema de compartimentação do maciço.

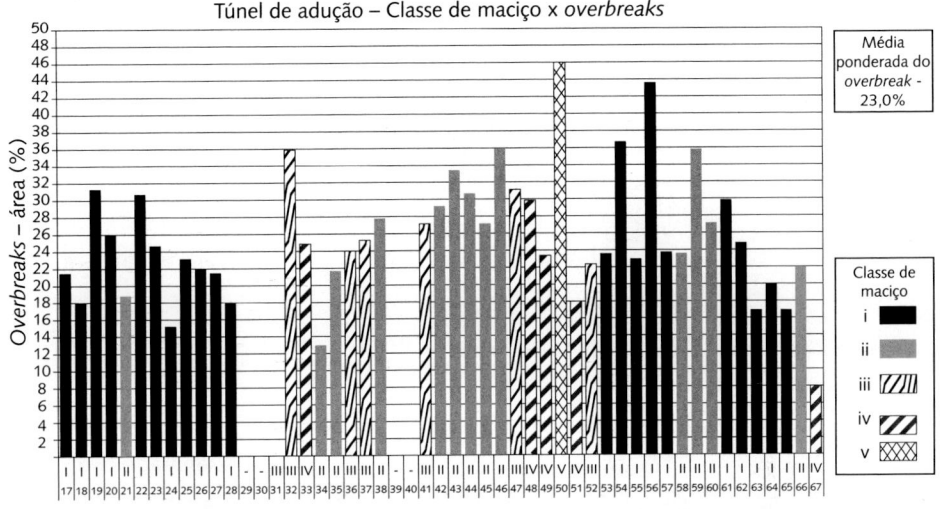

Fig. 2.2 Intensidade da sobrescavação associada à classe de maciço rochoso (estaqueamento de 20 m em 20 m)

2.4.2 Classificação geológico-geotécnica equivocada

A presença de caixas de falha ou diques que sofreram os efeitos das intempéries, cruzando diagonalmente a seção do túnel, pode conduzir a uma classificação do maciço rochoso que não reflete as reais características do trecho considerado. A mera classificação do maciço como C1 ou C2, sem que seja dado ressalte às estruturas singulares eventualmente presentes (tais como diques ou caixas de falha intemperizadas), conduz à adoção de medidas que não são restritivas aos

Fig. 2.3 Imagem ilustrativa da dificuldade de compatibilizar a seção de projeto em arco-retângulo com o sistema de compartimentação cúbico do maciço granito-gnáissico

possíveis efeitos danosos das referidas singularidades. Esse é o caso documentado na Fig. 2.4, em que a presença de um dique de diabásio fortemente alterado cortando transversalmente a seção do túnel em um trecho de rocha de boa qualidade (C1) desencadeou, após algum tempo de operação do túnel, o aparecimento de uma cavidade na abóbada, com consequente volumoso acúmulo de detritos no piso. Em casos similares, dependendo do volume de material acumulado, o fluxo d'água pode ser prejudicado, afetando a capacidade de geração de energia pelo acréscimo de perda de carga.

Esse aspecto chama a atenção para a necessidade de descrever todas as singularidades no mapeamento geológico-geotécnico, de modo que recebam as formas de tratamento individualizado necessário, mesmo quando inseridas em maciço de boa qualidade.

2.4.3 Orientação inadequada de chumbadores e tirantes

A distribuição e a orientação de tirantes e/ou chumbadores em maciço rochoso sem considerar a anisotropia inerente à própria estrutura da rocha (gnaisses, por exemplo), ou sem levar em conta a orientação das principais famílias de diaclases, podem resultar na permanência de situações de risco que irão se manifestar na fase operacional do túnel.

Em determinado túnel de adução (Fig. 2.5) ocorreu o desmoronamento de blocos de rocha na abóbada, através de

Fig. 2.4 *Dique de diabásio muito alterado, intrudido em maciço granítico classe C1/C2, sem o tratamento necessário e erodido pelo fluxo d'água*

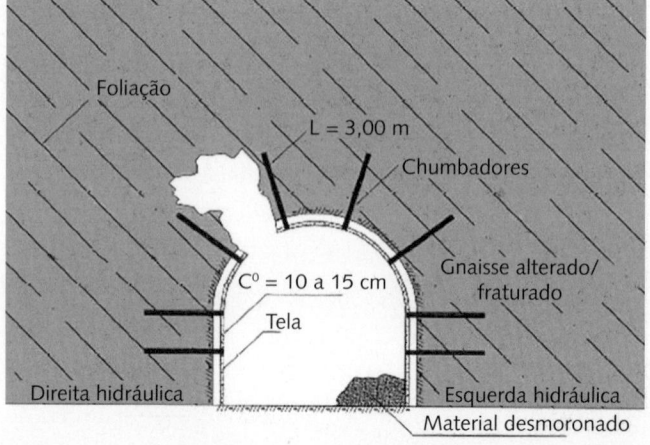

Fig. 2.5 *Desmoronamento em maciço classe C4, facilitado pela orientação dos chumbadores*
Fonte: Carvalho (2004).

descontinuidades com atitude igual à da foliação do gnaisse (direção quase paralela ao fluxo e mergulho de 40° no sentido da direita para a esquerda hidráulica), em um trecho classificado como classe C4 que havia sido submetido à aplicação das formas de tratamento preconizadas para essa classe de maciço. Os chumbadores aplicados na direita hidráulica deixaram espaço suficiente para a ocorrência do desmoronamento.

Em circunstâncias similares (Fig. 2.6), um trecho de túnel com presença de dique de diabásio muito fraturado, intrudido em maciço de granito-gnaisse pouco alterado, mas muito fraturado, recebeu tratamento classe C4 em toda a seção. Após a aplicação das formas de tratamento, em pouco tempo de operação ocorreu o destaque do concreto projetado na abóbada, ficando os chumbadores pendurados, evidenciando a inadequação do tratamento aplicado.

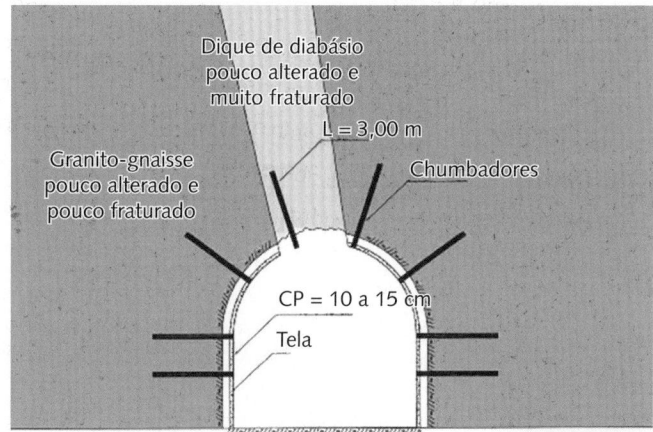

Fig. 2.6 Dique de diabásio muito fraturado sem o tratamento adequado, evidenciando o erro na orientação dos chumbadores instalados
Fonte: Carvalho (2004).

A inadequação mostrada na Fig. 2.6 é exemplarmente documentada pela Fig. 2.7, que mostra os efeitos do fluxo d'água em um túnel pressurizado sobre um dique de diabásio muito alterado que não havia sido devidamente protegido. Observa-se que um chumbador foi implantado no dique sem qualquer indicação de eficácia.

A forma adequada de tratamento de uma feição singular, de características

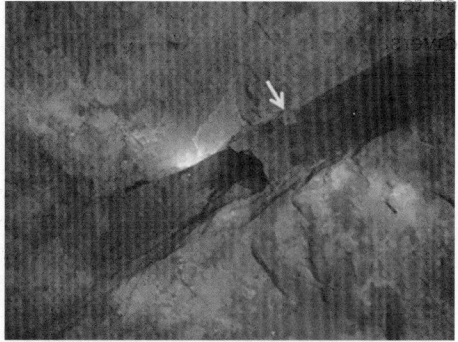

Fig. 2.7 Tratamento inadequado, na abóbada de um túnel hidráulico, evidenciado pela presença do chumbador em um dique de diabásio intemperizado

geomecânicas pobres, inserida em um meio rochoso são, consiste em confiná-la, de modo a evitar sua erosão ou lixiviação. A Fig. 2.8 mostra um esquema de tratamento individualizado para esse caso.

2.4.4 Inobservância das determinações de projeto – o caso do concreto projetado

A não aplicação das formas de tratamento preconizadas pelo projeto tem sido, em muitos casos, o principal causador de acidentes e incidentes em túneis hidráulicos. As não conformidades mais comuns dizem respeito à aplicação do concreto projetado, frequentemente encontrado com espessura inferior à recomendada, à ausência de tela metálica preconizada e à carência de drenagem profunda em relação aos quantitativos recomendados.

O concreto projetado é uma das principais ferramentas na preservação de uma seção de túnel logo após sua escavação. Em túneis, sua utilização tem sido historicamente associada ao desenvolvimento da técnica de escavação pelo Novo Método Austríaco de Abertura de Túneis (New Austrian Tunnelling Method – NATM), que se baseia na intervenção imediata para estabilização pelo alívio controlado das tensões do maciço. O casamento do concreto projetado com obras subterrâneas se deve a suas características, entre as quais ressaltam a facilidade de aplicação a qualquer tipo de superfície, a boa aderência e a rapidez com que exerce sua função estabilizante, além de considerações de ordem econômica comparativamente a outras formas de revestimento primário.

Dependendo das características geomecânicas da seção a ser protegida, o concreto projetado é aplicado em uma ou mais camadas e conta com a colaboração eficaz de telas metálicas ou com a adição de fibras, sendo que estas últimas apresentam diversas vantagens em relação às primeiras em termos executivos e de eficiência.

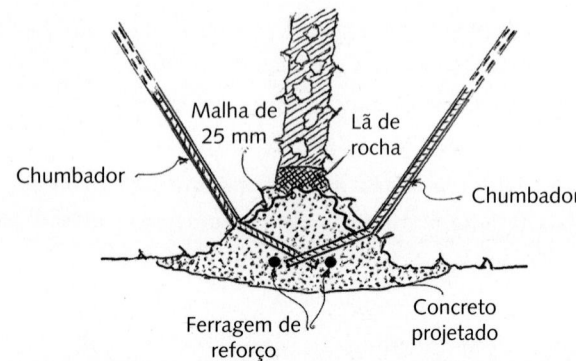

Fig. 2.8 *Tratamento individualizado para feições de características geomecânicas pobres*
Fonte: adaptado de Selmer-Olsen (1969 apud EPRI, 1987).

A maneira de comprovar que o concreto projetado, com ou sem tela metálica, foi aplicado em um túnel da forma correta, na espessura determinada em função da classe de maciço rochoso, consiste em verificar se os pinos de referência se encontram, ou não, recobertos pelo concreto. Os pinos são cravados na parede ou na abóbada antes do lançamento do concreto projetado e sobressaem em relação à parede na exata medida da espessura de projetado a ser aplicada. A ausência de pinos previamente ao lançamento do projetado representa uma "porta aberta" para que as determinações de projeto possam ser desrespeitadas.

Em casos de dúvida sobre a espessura e outras características do concreto projetado aplicado, amostras de parede podem ser obtidas utilizando pequena sonda rotativa (Fig. 2.9).

Em casos de acidentes, uma das providências a se tomar consiste na realização de um levantamento sistemático a respeito das características do revestimento aplicado no interior do túnel, em paredes e abóbada, de modo a averiguar se as recomendações de projeto foram atendidas (Fig. 2.10).

Somente uma fiscalização atenta e eficaz por parte do proprietário pode detectar as não conformidades às determinações do projetista na fase construtiva da obra. Na fase operacional, essas não conformidades podem demorar em se manifestar, porque geralmente não são representativas de ausência, mas sim de escassez, podendo resistir anos.

2.4.5 Empenamento do conduto metálico por excessos de pressão de injeção

Em túneis blindados, incidentes têm decorrido do empenamento (*buckling*) ou da flambagem do conduto metálico, sob a ação de esforços externos. Essa circunstância

Fig. 2.9 *Retirada de amostra de parede com sonda rotativa, para verificar a espessura do concreto projetado e realizar ensaios de laboratório*

Fig. 2.10 *Observação da parede de um túnel hidráulico acidentado para averiguar se o revestimento de concreto projetado foi aplicado conforme as determinações de projeto*

não se verifica apenas na etapa construtiva, tendo sido constatada em alguns casos também após anos de operação do sistema. Na fase de construção, o empenamento tem ocorrido em consequência de excessos de pressão induzidos por operações de injeção do espaço anelar existente entre o conduto metálico e o concreto envolvente (injeções de pele), mesmo na presença de anéis enrijecedores. Uma breve desatenção no controle manométrico da pressão de injeção pode acarretar sérias consequências, o que qualifica essa operação como de alto risco (Fig. 2.11). Essa é a origem do incidente no túnel de adução da UHE Nilo Peçanha (RJ), registrado por Vaughan (1956) e brevemente descrito em relato mais adiante (Caso 6).

Na etapa operacional, as causas do empenamento no conduto metálico pressurizado têm sido atribuídas a fatores diversos, entre eles, em pelo menos um caso, a flutuações de pressão interna. Em outros casos (EPRI, 1987), o empenamento ocorreu após o esvaziamento do túnel, provavelmente por excesso de pressão externa.

Na etapa de projeto, a definição da espessura da blindagem é geralmente condicionada à magnitude dos esforços externos, que são mais difíceis de definir do que os internos, que são conhecidos por serem impostos pelo próprio projeto. No caso dos esforços externos, o fator condicionante é a altura máxima que pode ser alcançada pelo lençol freático acima da seção considerada.

A preocupação com o possível empenamento da blindagem tem motivado os projetos a adotar diversos dispositivos de proteção, baseados na redução ou no alívio das pressões hidrostáticas externas. Tais dispositivos vão desde a implantação de leques de drenos profundos até a abertura de túneis de drenagem em posição adjacente ao túnel de adução.

Veja-se, por exemplo, o caso do túnel de adução da UHE Nilo Peçanha (RJ), onde as pressões externas, medidas através de um sistema de piezometria, ameaçavam a operação de esvaziamento do túnel que se pretendia realizar para levar a termo a

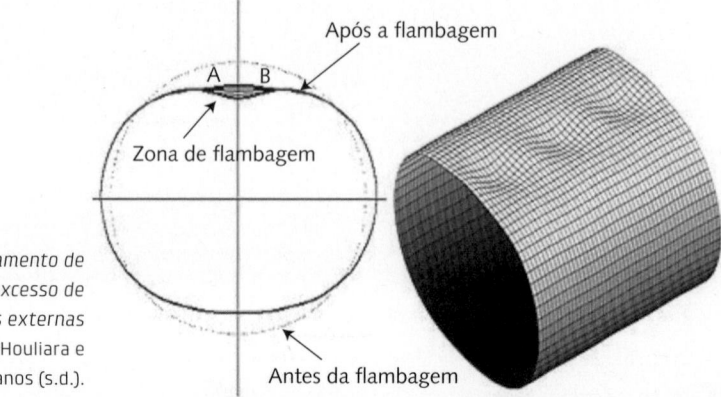

Fig. 2.1 Empenamento de conduto metálico por excesso de pressões externas
Fonte: adaptado de Houliara e Karamanos (s.d.).

substituição de válvulas esféricas dos condutos forçados na casa de força. As pressões externas ao túnel de adução ultrapassariam o limite de resistência ao empenamento da blindagem, caso o túnel fosse esvaziado sem obras de redução das poropressões externas. Decidiu-se então abrir um túnel de drenagem em rocha, paralelo e sobreposto ao túnel de adução. A partir do túnel de drenagem foram implantados drenos sub-horizontais profundos (DHPs) penetrando na rocha pelos dois lados, além de outros orientados em diversas direções. O resultado, documentado na Fig. 2.12, consistiu numa redução substancial das poropressões externas, possibilitando o esvaziamento e a troca das válvulas esféricas. Na figura, têm-se a envoltória de pressões externas antes da abertura do túnel de drenagem (lençol freático original) e a situação após a implantação do túnel de drenagem e da rede de drenos (lençol freático após drenagem).

O caso de Nilo Peçanha é apresentado de forma mais detalhada na segunda parte do livro, que abrange os relatos sobre os casos selecionados.

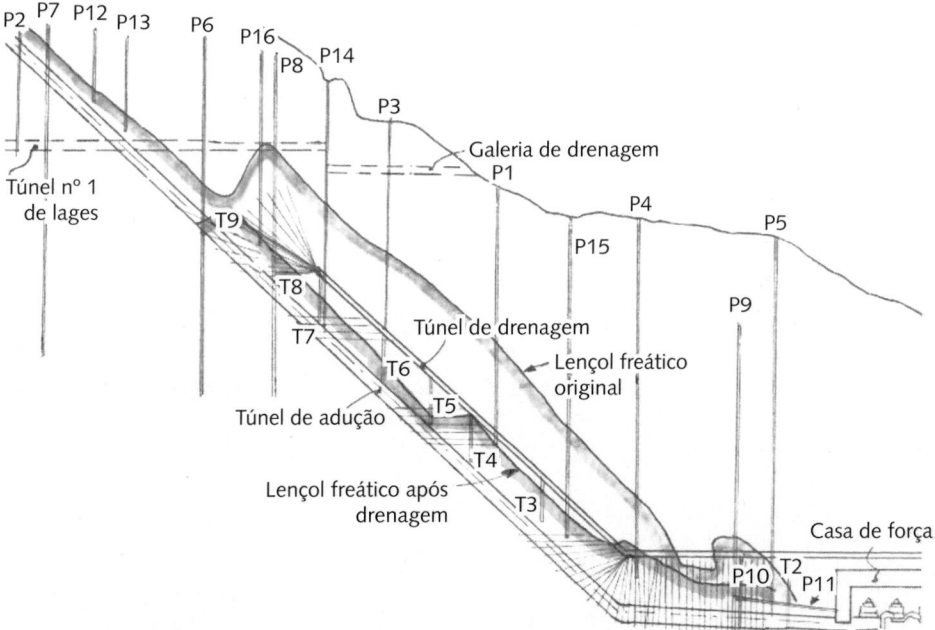

Fig. 2.12 *Evolução da posição do lençol freático antes e após a abertura do túnel de drenagem paralelo e sobreposto ao túnel de adução da UHE Nilo Peçanha. É nítida a eficácia do sistema de drenagem externa implantado*

2.4.6 Macaqueamento hidráulico

O macaqueamento hidráulico em túneis pressurizados, longe de ser uma mera questão teórica, tem causado danos elevados em aproveitamentos hidrelétricos, colocando fora de ação empreendimentos recém-finalizados, quando do primeiro enchimento do túnel de adução. A Fig. 2.13 documenta os efeitos do macaqueamento hidráulico no túnel de adução da PCH São Tadeu I (MT), no trecho localizado logo após o término da blindagem metálica e de transição, já no tramo revestido com concreto projetado. Constatou-se que a abertura proporcionada pelo mecanismo de macaqueamento ultrapassou em alguns pontos 0,10 m na vertical. Esse caso é apresentado em maior detalhe na segunda parte do livro (Caso 8).

Em um maciço rochoso, o alívio de tensões e o intemperismo atuam de forma conjugada. O primeiro provoca a manifestação da esfoliação, que consiste no surgimento de descontinuidades paralelas à configuração topográfica do relevo causado pelo desconfinamento vertical, enquanto o segundo favorece o avanço da degradação físico-química da rocha através das descontinuidades do sistema de compartimentação e da própria esfoliação. Quanto mais próxima está da superfície do terreno, mais acentuada é a esfoliação, que evolui para juntas de maior continuidade e intemperização, denominadas juntas de alívio. A Fig. 2.14 documenta a presença de esfoliação em um maciço granítico em que foi inserido um túnel de adução de uma usina hidrelétrica de alta queda (Caso 8).

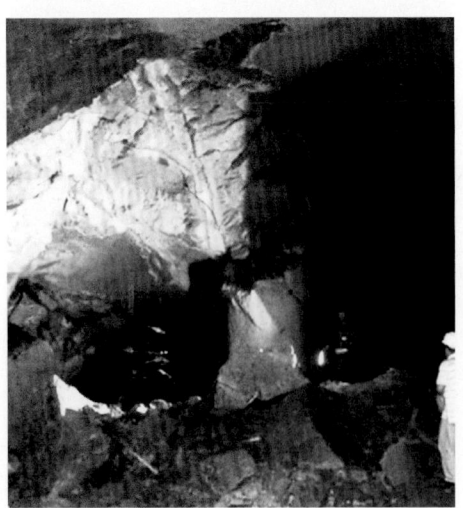

Fig. 2.13 Vista dos danos sofridos pelo túnel de adução da PCH São Tadeu I, no trecho revestido com concreto projetado, a montante do término da blindagem metálica e do trecho de transição em concreto armado
Fonte: Kanji (2017).

Fig. 2.14 Esfoliação no maciço granítico em que foi inserido o túnel de adução da PCH São Tadeu I. As fraturas de esfoliação se encontram fechadas

A inserção do túnel que se destina a ser pressurizado leva em consideração todos esses aspectos e diversas formas de proteção são implantadas, de modo a garantir a estanqueidade, a estabilidade da seção escavada e a resistência contra as pressões internas impostas. O trecho crítico é representado pelo final da transição em concreto e início do túnel simplesmente revestido com concreto (armado ou não) e/ou com concreto projetado. A modelagem estrutural geológica que cria condições para que o processo de macaqueamento hidráulico possa se manifestar é apresentada de forma esquemática na Fig. 2.15.

Se a extensão do trecho blindado não for suficiente, as tensões internas impostas pela pressurização do túnel poderão ultrapassar as pressões de confinamento litostático. Nesse caso, as descontinuidades incipientes de esfoliação são submetidas a pressões que forçam sua abertura e desencadeiam sua propagação lateral, convertendo-se em superfícies em que a atuação da água se efetua de maneira similar à exercida por um macaco plano utilizado em ensaios de dilatometria (Fig. 2.16), de onde provém a denominação macaqueamento hidráulico.

A propagação das juntas de esfoliação submetidas a macaqueamento hidráulico pode, assim, adquirir uma dimensão que desequilibra o jogo de tensões iniciais, levando à abertura das descontinuidades do meio rochoso confinante, pela mobilização de forças que ultrapassam a capacidade de confinamento, com consequente perda de estanqueidade. O fluxo d'água que então se estabelece rumo ao exterior,

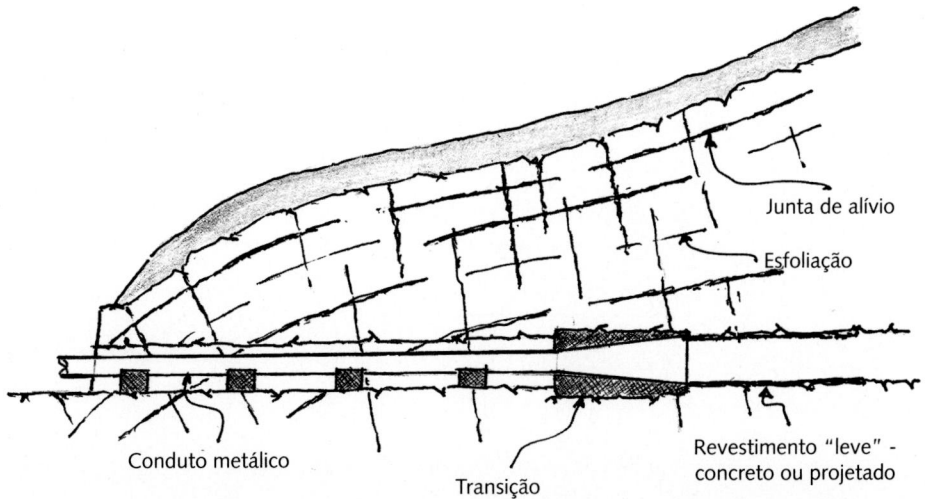

Fig. 2.15 *Modelo de estruturas geológicas que propiciam a instalação de um processo de ruptura por macaqueamento hidráulico, que se inicia ao final da transição, no trecho de revestimento "leve"*

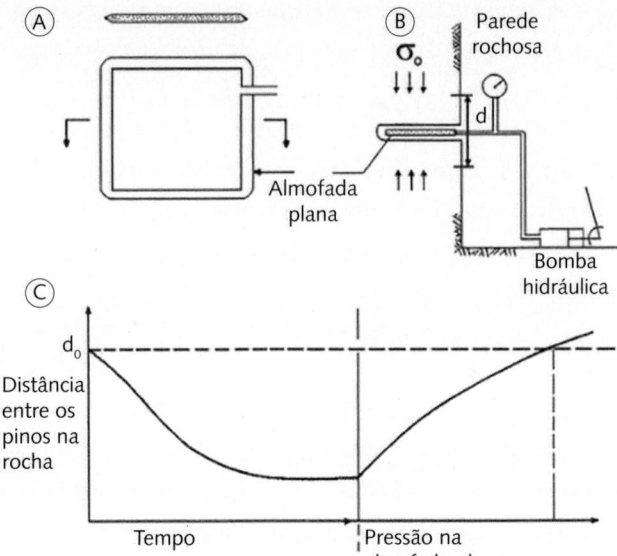

Fig. 2.16 *Teste de dilatometria com macaco plano: (A) almofada plana, (B) posicionamento na abertura e (C) curva de comportamento da tensão*
Fonte: Goodman (1989 apud ABGE, 2018).

além de representar uma perda para o circuito de adução, pode desencadear escorregamentos nas massas de solos que ocupam as vertentes externas.

2.5 Falhas e/ou impropriedades nas etapas pós-construtivas

Por etapas pós-construtivas entendem-se as fases de enchimento do túnel, de operação e de eventual esvaziamento. A fase de enchimento costuma ser programada com muita antecedência e tem sido geralmente monitorada através de diversos dispositivos, quais sejam, medições de vazão na entrada do túnel, isto é, na tomada d'água, controle manométrico na outra extremidade, por exemplo, na casa de força de um aproveitamento hidrelétrico, ou medições da velocidade de subida do nível d'água em chaminé de equilíbrio. Apesar de todos os cuidados, ainda assim podem ocorrer contratempos. A declividade acentuada no túnel, por exemplo, pode causar uma aceleração do fluxo ao se dar início a seu enchimento, a ponto de afetar a integridade do piso do túnel se for revestido por delgada laje de concreto, descalçando-a. Esse tipo de problema tem sido efetivamente registrado e pode ter consequências sérias caso os detritos se acumulem em algum local, dificultando o fluxo d'água. Em túneis de grande extensão, contratempos dessa natureza podem exigir medidas corretivas custosas e de longa duração.

Na fase de operação de túneis pressurizados, determinadas manobras consideradas de rotina podem ter relevantes consequências indesejáveis. É o caso, por exemplo, de uma operação de fechamento brusco da válvula borboleta em uma casa de força, causando a propagação para montante, ao longo do túnel de adução, de uma onda de pressão, configurando o golpe de aríete e provocando acréscimos de pressão nas paredes e na abóbada do túnel. A repetição da referida manobra ao longo da vida útil do empreendimento pode acabar causando danos ao revestimento do túnel.

Em pelo menos um caso efetivamente registrado, a manobra de fechamento brusco da válvula borboleta foi empregada para fazer com que a onda de pressão que se desenvolvia no túnel de adução, a partir da casa de força rumo à tomada d'água, provocasse o descolamento e o afastamento dos detritos trazidos pela correnteza no reservatório e acumulados na face externa da grade, empurrando-os de volta para o reservatório e liberando o fluxo de água para dentro do túnel. Tendo ocorrido um acidente ao longo do referido túnel de adução, em plena fase de operação, a referida manobra foi cogitada como uma das possíveis causas do acidente, pelo incremento brusco e repetitivo de pressão sobre o revestimento do túnel, que teria resultado no seu rompimento.

Casos similares revelam a necessidade de que a operação de um circuito hidráulico pressurizado siga rigorosamente regras estabelecidas no manual de operação, visto que uma manobra aparentemente inofensiva, realizada pelos operadores dos equipamentos eletromecânicos de uma usina hidrelétrica, pode acarretar graves consequências para a integridade do circuito hidráulico de adução.

DIRETRIZES DE PROJETO

3.1 Aspectos gerais

Em túneis hidráulicos a capacidade de confinamento é, normalmente, conferida pelo meio natural rochoso em parte de sua extensão, sendo, porém, necessário prover meios de complementá-la quando necessário. A necessidade de reforço interno na seção do túnel é geralmente suprida por blindagem metálica, instalação de cambotas metálicas ou execução de revestimento de concreto armado nos trechos considerados críticos (classes IV e V).

Para a definição do projeto, no que se refere à necessidade (ou não) e à escolha do tipo de revestimento a ser adotado, é preciso avaliar cuidadosamente o contexto físico (e fisiográfico), visto que uma série de elementos entram em jogo, cada qual com seu significado e importância. A Fig. 3.1 explicita tais elementos na seção longitudinal de um túnel de adução de uma usina hidrelétrica. São, a saber:

- configuração da encosta em que o túnel é inserido;
- confinamento longitudinal e transversal;
- espessura do capeamento de solo (não representado na figura);
- topo do maciço rochoso (Hr);
- lençol freático original (Hf);
- carga estática em relação aos demais elementos (He);
- pressão interna total (Hi);
- linha piezométrica ou nova linha freática após pressurização;
- carga dinâmica em relação aos demais elementos (Hd);
- espessura da cobertura de rocha, medida normalmente à encosta (Ln);
- declividade do terreno nas seções transversais (β).

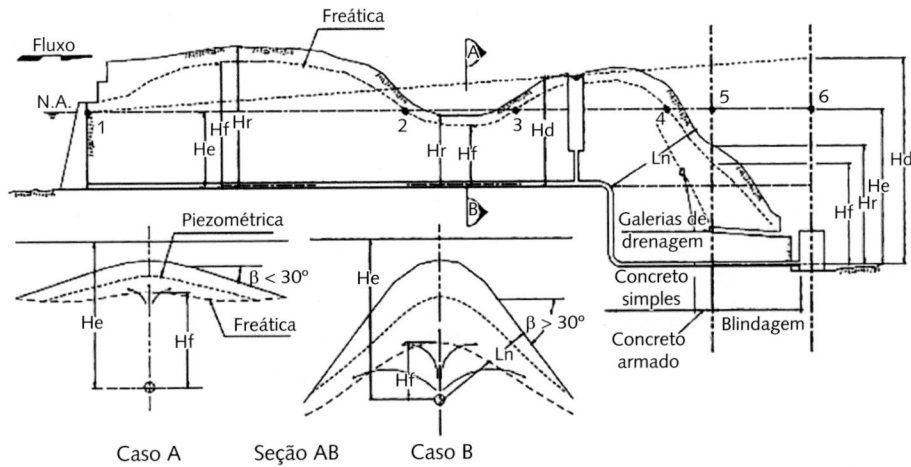

He = carga estática Hd = carga dinâmica
Hr = altura de rocha Hf = altura do lençol freático
Ln = espessura de rocha, medida normalmente à encosta

TRECHO 1-2: Hf e Hr >> He - sem revestimento ou com revestimento de concreto simples ou projetado.

TRECHO 2-3: Hf < He - alguma perda de água dependendo da topografia e permeabilidade do terreno.

CASO A: menos crítico ($\beta < 30°$). CASO B: pode resultar em surgências de água, instabilização de encosta, hidromacaqueamento, dependendo de Ln, e ß. Pode requerer revestimento de concreto armado ou blindagem.

TRECHO 3-4: Hf > He - os dois trechos podem requerer revestimentos, dependendo das características do projeto, da topografia e de Ln.

TRECHO 4-5: Hf << He - extensão da blindagem vai depender da topografia e da relação Hr/He.

Fig. 3.1 *Elementos a considerar na avaliação das condições de segurança de um túnel de adução pressurizado*
Fonte: Marques Filho e Duarte (2004).

    Tão importante quanto a avaliação do grau de confinamento longitudinal de um túnel pressurizado é a consideração de seu confinamento transversal. A presença de vales laterais (normalmente indicativos da presença de falhas geológicas) ou a inserção do túnel em uma forma de relevo alongada, à guisa de nariz, configuram uma potencial situação de risco. Observem-se as duas situações de confinamento apresentadas na Fig. 3.2 (reprodução parcial da Fig. 3.1). Na seção da Fig. 3.2A, a superfície do terreno é aplainada, o que assegura a continuidade de confinamento lateral. Já na seção da Fig. 3.2B, o confinamento lateral é reduzido pela existência de talvegues em ambos os lados e, dependendo das características do meio confinante, a estanqueidade do meio pode não ser efetiva.

Como mostrado na figura, a declividade da encosta lateral superior a 30° costuma ser considerada condição de alerta para uma avaliação mais aprofundada do nível de risco envolvido. A estruturação geológica é fundamental ao estabelecimento do modelo de percolação a ser utilizado para a definição do tipo de revestimento a ser aplicado no túnel. A Fig. 3.3 ilustra a diferença na adoção dos modelos de fluxo contínuo e descontínuo, sendo que os casos A e B podem ser considerados representativos do primeiro modelo, enquanto os casos C e D são representativos do segundo.

Uma conjugação, por exemplo, da Fig. 3.2B com o sistema de compartimentação da Fig. 3.3C evidencia que a estanqueidade do sistema está intimamente vinculada à permeabilidade das descontinuidades (foliação, xistosidade, diaclasamento) que mergulham em direção ao talvegue ou para o alto da encosta (Fig. 3.4).

Fig. 3.2 *Grau de confinamento lateral de um túnel em função da configuração do terreno*
Fonte: adaptado de Marques Filho e Duarte (2004).

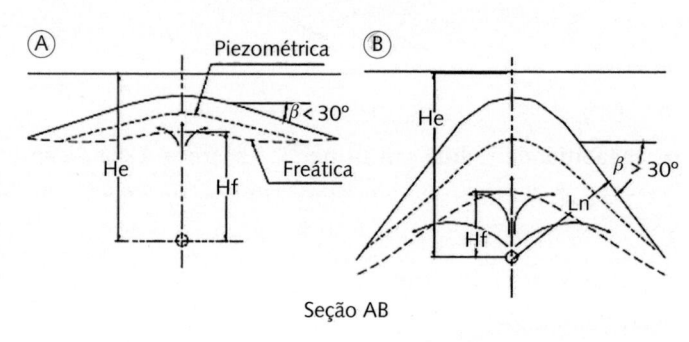

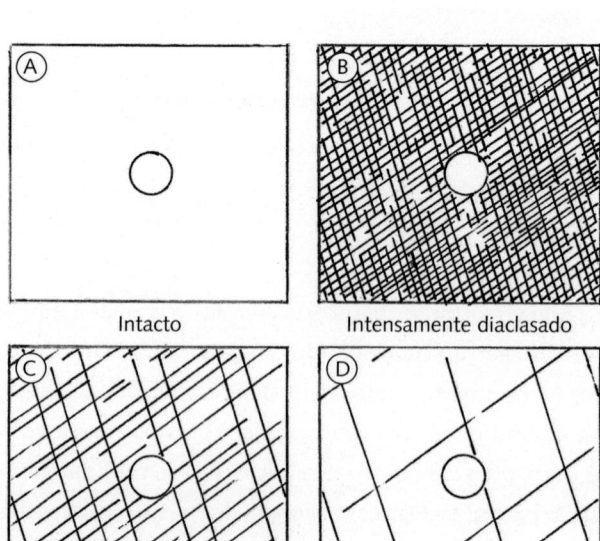

Fig. 3.3 *Modelos estruturais condicionantes do estabelecimento da rede de fluxo d'água*
Fonte: adaptado de Rancourt (2010).

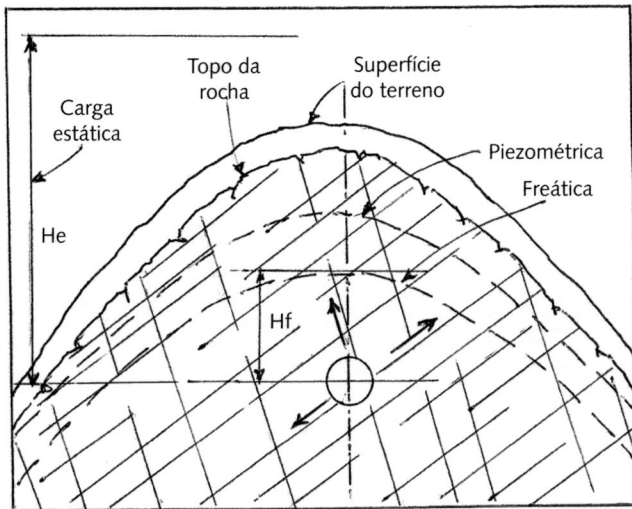

Fig. 3.4 Vinculação entre a estanqueidade do sistema e a permeabilidade das descontinuidades

Caso as descontinuidades se encontrem seladas, o meio rochoso possui baixa permeabilidade, o que em princípio favorece a condição de estanqueidade. Nessa situação, ainda é necessário que as descontinuidades permaneçam seladas após a entrada em carga do sistema de alimentação do túnel. Com a pressurização do túnel, a água nele contida tende a escoar em direção ao meio externo, através da rede de descontinuidades.

Se as pressões internas ultrapassam a resistência à tração das descontinuidades, abre-se o caminho para que as águas contidas no túnel escoem rumo ao meio externo. Nessas condições manifesta-se o processo de macaqueamento hidráulico, com tendência ao erguimento generalizado do terreno. O efeito de macaqueamento é facilitado quanto mais próximas da horizontal se posicionarem as descontinuidades. Em maciços rochosos acamados, ou percorridos por descontinuidades sub-horizontais, o confinamento horizontal tende a ser menos efetivo que o vertical, o que serve de alerta para cuidadosas verificações de estanqueidade ao longo das seções transversais.

Do lado externo do maciço em que o túnel pressurizado foi inserido, moderadas fugas de água podem se manifestar na forma de surgências e/ou escorregamentos localizados da capa de solos. O controle da situação externa ao túnel requer, portanto, que as encostas adjacentes sejam percorridas e monitoradas já na fase construtiva, cadastrando-se todas as ocorrências previamente à colocação em carga do circuito de adução, para posterior referência comparativa.

A condição de estanqueidade é objeto de averiguação na etapa de projeto quando da realização das investigações por meio de sondagens mecânicas. Um teste de estanqueidade do meio rochoso pode ser realizado em trechos previamente selecionados, durante os ensaios de perda d'água em furos de sondagem, quando a pressão de ensaio é elevada para 1,5 de *He* (carga estática de projeto), de modo a verificar se ocorrem indícios de macaqueamento hidráulico. Os resultados desses ensaios irão orientar a adoção (ou não) de blindagem metálica, devendo ser executados em locais próximos ao término da blindagem e início do trecho do túnel previsto para permanecer em rocha exposta ou a ser revestido de outra forma.

As diretrizes para a execução desses ensaios são fornecidas pela ASTM (2008), voltadas para a determinação do estado de tensões *in situ* do maciço rochoso utilizando a técnica de fraturamento hidráulico. Entre outros autores, registram-se as contribuições de Kanji (1998, 2011).

Considerando que as regras empíricas em túneis hidráulicos requerem que o confinamento lateral, ao final do trecho blindado, seja maior do que o vertical ou do que a espessura da rocha até o meio externo, percebe-se que essa condição dificilmente é atendida quando o túnel é inserido em um nariz rochoso, limitado lateralmente por encostas íngremes. Essa situação faz com que, geralmente, a blindagem venha a ser prolongada para além do referido nariz, onde a condição topográfica do terreno pode propiciar melhores condições de confinamento.

3.2 Tipos de revestimento

Túneis, pressurizados ou não, podem permanecer em rocha não revestida em grande parte de sua extensão, dependendo das condições geomecânicas do meio circundante. Nas vizinhanças do desemboque, entretanto, onde as pressões internas de túneis pressurizados atingem sua maior expressão, ou em trechos de características geomecânicas pobres, será preciso dotar as cavidades de alguma forma de revestimento para preservar sua funcionalidade. Os tipos de revestimento variam desde uma simples camada de concreto projetado, passando para o uso de telas metálicas entremeadas e evoluindo para camadas de concreto estrutural moldadas *in loco*, de espessura e armadura variável, até o emprego de membranas impermeáveis ou de blindagem metálica. Na maioria dos casos, um mesmo túnel estará sujeito a receber mais do que uma forma de revestimento, em trechos distintos. Para fins de ilustração, cita-se o caso do túnel Calaveras, na Califórnia (EUA) (Fig. 3.5), em que diferentes tipos de revestimento foram aplicados em função das características geomecânicas e das solicitações impostas em cada trecho. Procedimento similar é comum a praticamente todos os túneis.

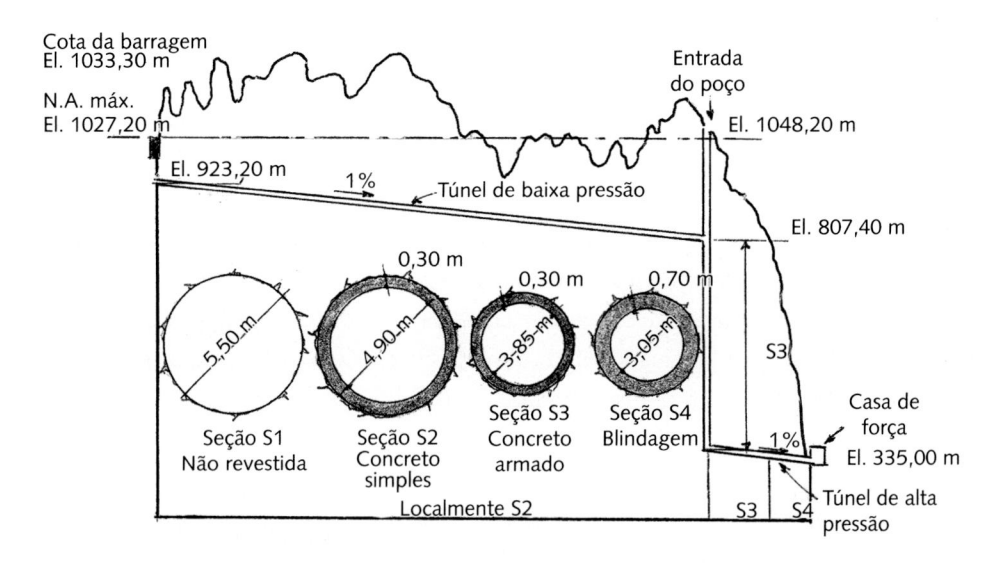

Fig. 3.5 *Vários tipos de revestimento ao longo de um mesmo túnel, como no túnel Calaveras, na Califórnia*
Fonte: adaptado de Schleiss (1988 apud Kaneshiro; Korbin, 2016).

Uma avaliação sumária a respeito das principais propriedades dos diversos tipos de revestimento em túneis pressurizados coloca em evidência a necessidade de atender a três requisitos básicos: a) as características geomecânicas do meio envolvente, b) o confinamento hidráulico e c) a capacidade de resistir aos esforços impostos, externos e internos. Resumidamente, apresentam-se a seguir as características básicas das principais formas de revestimento.

3.2.1 Concreto projetado

É de longe a forma mais empregada, pela diversidade de situações em que contribui efetivamente para a preservação da seção escavada. Ganhou divulgação a partir da introdução do Novo Método Austríaco de Abertura de Túneis (NATM), nos anos 1960, em substituição às antigas técnicas empregadas. O NATM se baseia na preservação do estado de tensões presentes no maciço rochoso envolvente pela aplicação imediata de concreto projetado, de modo a evitar o afrouxamento do maciço.

O concreto projetado apresenta uma série de vantagens práticas, por suas condições de aplicação, fáceis e imediatas, pela rapidez com que adquire resistência mecânica, graças também ao emprego de aceleradores de pega, pela diversidade de formas de utilização, se em camada simples ou dupla, com ou sem fibras metálicas ou tela de aço, e, por último, mas não menos importante, por não requerer o emprego de formas.

Aplicado em camada simples, geralmente com espessura de 5 cm a 10 cm, oferece uma imediata proteção contra o destaque de blocos ou cunhas rochosas, preservando em curto prazo a integridade da seção escavada. Nessa condição de aplicação, não possui função estrutural e tampouco pode ser considerado elemento estanque, pela relativa facilidade de surgimento de trincas de tração sob pressões hidrostáticas internas elevadas. Para fins hidráulicos, contribui para a redução do coeficiente de rugosidade da parede do túnel, favorecendo o escoamento, mesmo porque atenua as reentrâncias e as arestas, preenchendo também cavidades das mais variadas dimensões.

A função estrutural passa a existir quando empregado em espessuras maiores, geralmente em mais do que uma camada, com a inserção de fibras e/ou tela metálica. Estruturas de sustentação moldadas em concreto projetado podem também passar a exercer outras funções. A Fig. 3.6 traz uma imagem do concreto projetado sendo utilizado para constituir "nervuras", inseridas em nichos abertos nas paredes e na abóbada de um túnel, desempenhando a mesma função de cambotas metálicas, com a vantagem de não ocupar parte da seção útil do túnel.

Sua função estrutural mais frequente ocorre quando empregado em duas (até três) camadas, contendo uma (ou duas) tela(s) metálica(s) intermediária(s). Mesmo nessa condição, o concreto projetado não é considerado estanque, podendo se deformar em função da pressão interna imposta e da deformabilidade da parede rochosa de apoio, dando margem ao surgimento de uma rede de trincas suficientemente abertas para permitir o escoamento da água.

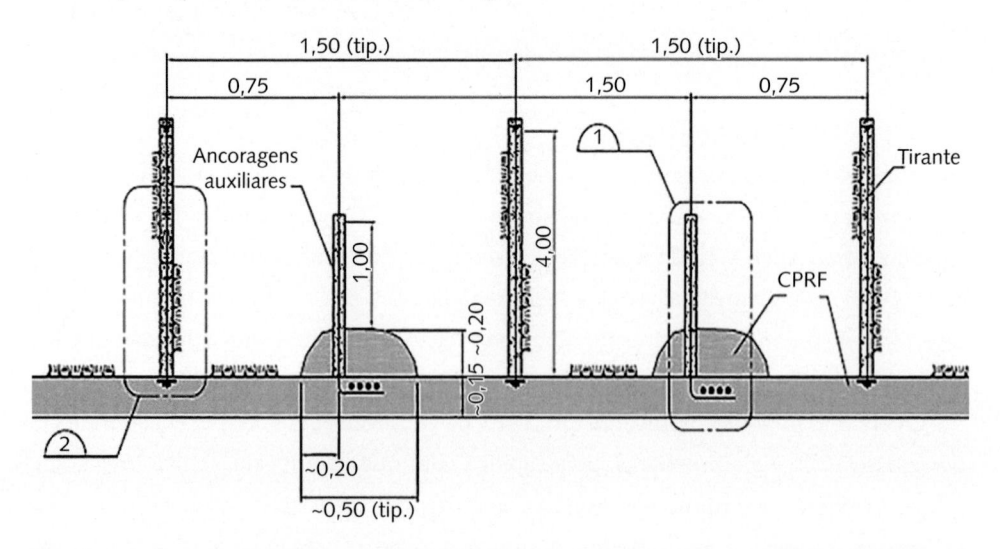

Fig. 3.6 *Seção horizontal de parede de túnel mostrando a função estrutural de nervuras constituídas por concreto projetado, no caso reforçado com fibras (CPRF)*

3.2.2 Concreto simples ou armado

O revestimento do túnel com concreto simples ou armado atende à necessidade de estabilização da seção, de resistir à pressão interna, desde que moderada, e também de satisfazer requisitos hidráulicos de rugosidade das paredes, do piso e da abóbada. Entretanto, acima de determinados níveis de pressão, o concreto cede à tração, exibindo uma malha de trincas, embora com abertura menor quanto mais densa for a malha de ferros. Por esse motivo, o concreto não preenche os requisitos de estanqueidade perfeita, que somente são atingidos pela blindagem metálica.

Revestir um túnel com concreto armado requer a colocação prévia de formas, de modo que o concreto seja lançado no intervalo entre a forma e a parede rochosa. Trata-se de uma operação lenta e onerosa. Em situações logísticas favoráveis é possível utilizar estruturas metálicas com formas especialmente dimensionadas para trazer maior eficiência às operações (Fig. 3.7).

Seja qual for o tipo de forma utilizada, é comum a persistência de espaços vazios entre o concreto e a rocha, especialmente na abóbada, que é o local mais difícil de ser preenchido. Tal circunstância requer geralmente a realização de injeções de contato, para que parte dos esforços induzidos pela pressurização do túnel sejam transmitidos ao meio rochoso circundante.

Fig. 3.7 *Estrutura metálica especialmente dimensionada para revestimento do túnel com concreto estrutural*

3.2.3 Blindagem em aço

Na presença de trechos do maciço rochoso com características geomecânicas extremamente pobres (classes IV e V) ou em trechos do túnel em que o grau de confinamento necessário não é assegurado pelo meio rochoso envolvente, colocando em risco a integridade do sistema e sua estanqueidade, lança-se mão da blindagem do túnel, revestindo-o com tubos de aço. Em túneis e poços de inspeção pressurizados providos de revestimento metálico (blindagem), são comumente feitas injeções de contato para preencher os vazios entre o conduto metálico e o concreto envolvente (injeções de pele), entre o concreto e a rocha (injeções de contato) e no interior do próprio maciço rochoso (injeções de consolidação). A Fig. 3.8 documenta essas modalidades de injeção.

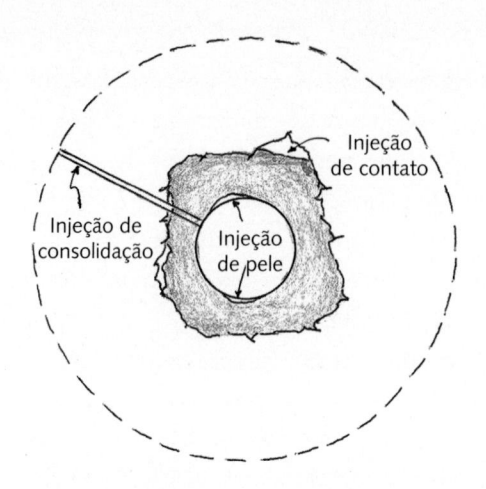

Fig. 3.8 *Modalidades de injeção em túneis blindados*
Fonte: adaptado de Brekke e Ripley (1987 apud Mota, 2009).

Para fins de exemplificação, cita-se o caso da UHE Chavantes (SP/PR), onde os dois túneis de adução à casa de força foram revestidos com concreto estrutural e com blindagem em aço, em trechos sucessivos, tendo sido submetidos a injeções de consolidação no maciço rochoso, de contato concreto/rocha e de pele (entre o conduto metálico e o concreto envolvente). A Fig. 3.9 traz uma seção longitudinal do sistema de adução daquela usina.

A blindagem no trecho assinalado na figura se tornou necessária devido ao escasso confinamento litostático. Nas injeções de colagem foram injetadas 230 t de cimento e as maiores absorções se deram invariavelmente no topo da calota.

3.2.4 Membranas impermeáveis

Cabe, ainda, mencionar que nos últimos 10 a 15 anos ganhou corpo o emprego de membranas sintéticas, capazes de conferir à seção do túnel a condição de estanqueidade desejada. Dotadas de resistência e elasticidade suficientes para impedir a propagação de trincas no concreto adjacente sem se danificar, as membranas são colocadas em contato direto com a parede rochosa ou após o revestimento primário. Fabricadas em material polimérico, possuem boa resistência à tração e são praticamente impermeáveis, adaptando-se ao relevo irregular da parede rochosa.

Outra modalidade é a membrana projetada, que forma uma película impermeável após a aplicação, aderindo à face sobre a qual incide. É empregada comumente entre duas camadas de concreto projetado. Com espessura de 2 mm a 5 mm, sua aderência permite uma ligação dupla, visto que a membrana adere às duas camadas (Fig. 3.10).

A membrana projetada se origina no copolímero de etileno-vinil-acetato (EVA) e é aplicada por via seca, utilizando um equipamento de projeção de concreto, sendo a água adicionada no bico. Poucas horas após a projeção, o material se converte em uma membrana elástica e flexível.

Diretrizes de projeto 41

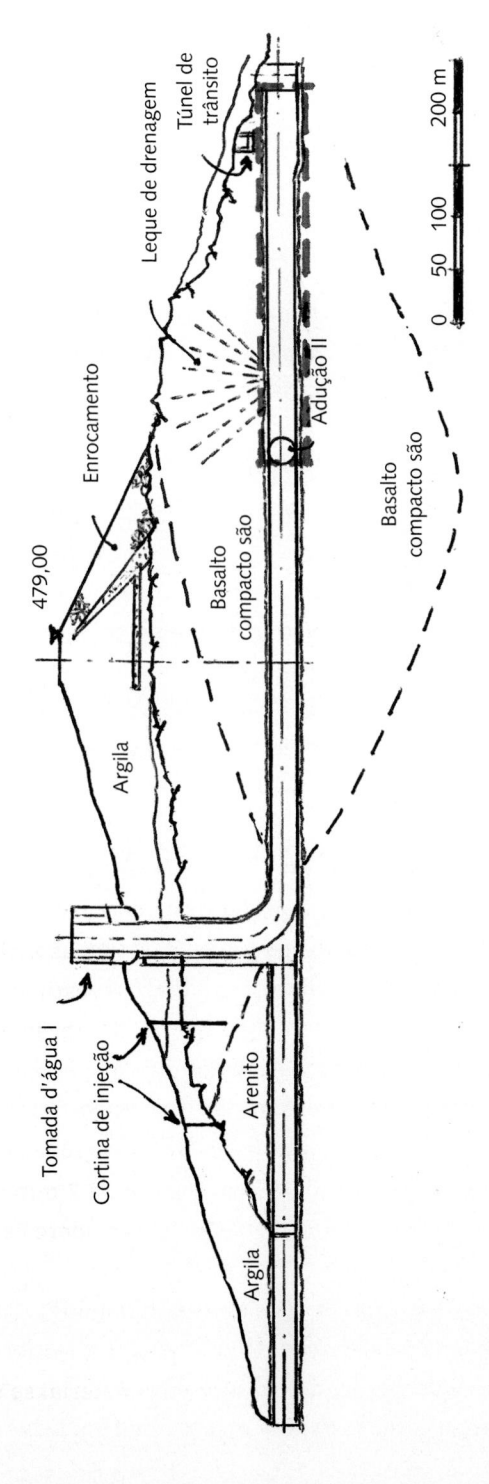

Fig. 3.9 *Sistema de adução da UHE Chavantes. O trecho de blindagem assinalado recebeu tratamento por injeções de pele*
Fonte: Barros (1969).

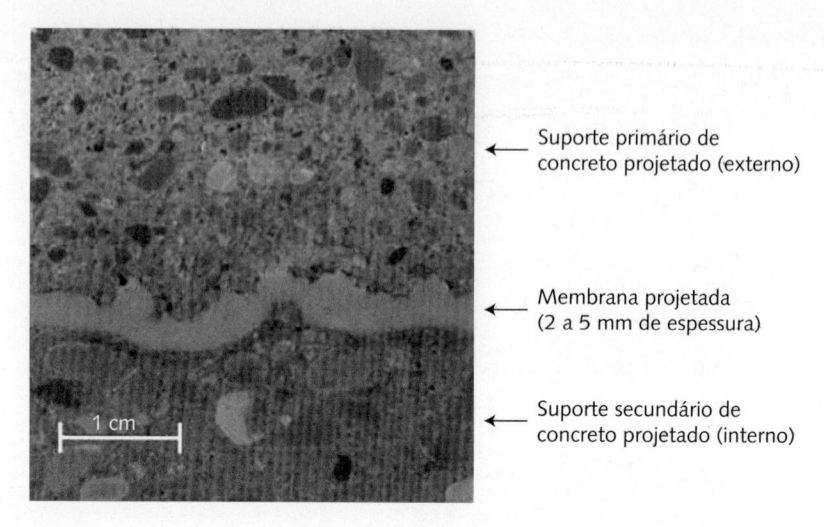

Fig. 3.10 *Membrana projetada impermeável, aderente às camadas de concreto projetado*
Fonte: Holter e Andrian (2011 apud Gonzáles, 2012).

3.3 Etapas de dimensionamento do revestimento

3.3.1 Etapa inicial ou de definição do suporte

Normalmente, o revestimento de um túnel é projetado para atender às necessidades das duas etapas, construtiva e operacional, mas pode ser dimensionado para atender diretamente aos requisitos da etapa final, que deverá evidentemente suprir as necessidades da etapa construtiva.

O revestimento de etapa construtiva (ou 1ª etapa, ou de definição do suporte) se destina a garantir a preservação da seção escavada, de modo a proporcionar segurança a trabalhadores e equipamentos, mas sem atender necessariamente aos requisitos do projeto perante as solicitações que serão impostas na fase operacional. Nessa primeira etapa, as considerações sobre o estado de pressão interna a que o túnel será submetido ainda não estão sendo implementadas, prevalecendo a aplicação das formas de tratamento em função da classe de rocha encontrada e do estado de tensões externas, visando à estabilização da seção para, no mínimo, o tempo de duração da construção.

Os métodos de classificação do maciço rochoso na frente da escavação se encontram consolidados. Os mais utilizados são o sistema Q de classificação de maciços rochosos, desenvolvido por Barton, Lien e Lunde (1974), posteriormente modificado por Grimstad e Barton (1993), e o sistema Rock Mass Rating (RMR), desenvolvido por Bieniawski (1989). A aplicação dos sistemas resulta na identificação das classes de maciço rochoso por trecho de túnel e na definição das formas de tratamento com base em ábacos que refletem a extensa experiência acumulada pelos referidos autores. A Fig. 3.11 indica, de maneira resumida, as formas de tratamento preconizadas através do sistema Q, em função da classe de maciço, das dimensões da cavidade e do tipo de utilização.

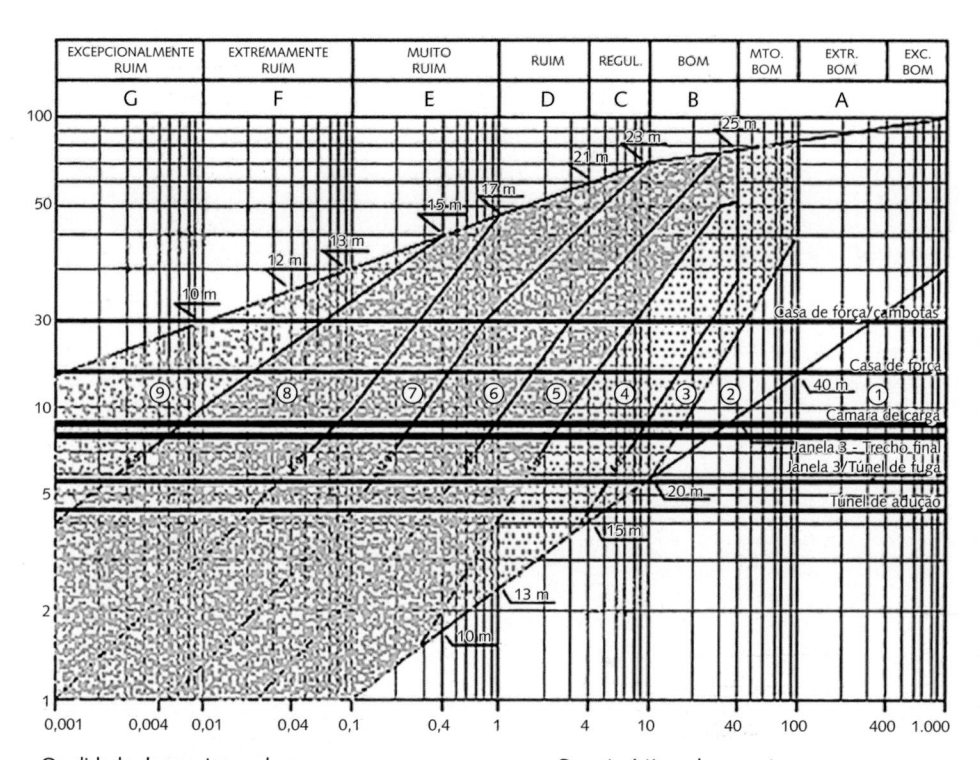

Qualidade do maciço rochoso

$$Q = \frac{RQD}{Jn} \times \frac{Jr}{Ja} \times \frac{Jw}{SRF}$$

RQD/Jn - Tamanho de blocos

Jr/Ja - Resistência ao cisalhamento entre blocos

Jw/SRF - Tensões atuantes

RQD - Designação da qualidade da rocha

Jn - Número de famílias de juntas

Jr - Índice de rugosidade das juntas

Ja - Índice de alteração e preenchimento das paredes das juntas

Jw - Fator de redução devido à presença de água

SRF - Fator de redução devido a tensões de maciço

Características de suporte

1 - Autoportante

2 - Tirantes esporádicos

3 - Tirantes sistemáticos

4 - Tirantes sistemáticos e concreto projetado padrão, 3-5 cm

5 - Tirantes sistemáticos e concreto projetado com fibras, 5-9 cm

6 - Tirantes sistemáticos e concreto projetado com fibras, 9-12 cm

7 - Tirantes sistemáticos e concreto projetado com fibras, 12-15 cm

8 - Tirantes sistemáticos e concreto projetado com fibras, > 15 cm e cambotas de concreto projetado armado

9 - Revestimento de concreto convencional

Fig. 3.11 *Tipos de revestimento em função da qualidade do maciço*
Fonte: Grimstad e Barton (1993).

A aplicação dos sistemas de classificação do maciço e a adoção dos referidos ábacos resultam na sistematização dos tipos de tratamento a serem empregados em função da classe de maciço, conforme exemplificado na Tab. 3.1. Essa tabela serve de referência à Fig. 3.12, identificando os índices que caracterizam cada classe de maciço rochoso.

Tab. 3.1 Exemplo de definição das formas de tratamento em função dos índices para cada classe de maciço rochoso

Classe de maciço	Índice de Barton	Características do maciço		Tratamento		
		Ancoragem ativa		Concreto projetado (espessura, cm)	Cambota metálica (perfil I de 6")	
		Malha (m × m)	L (m)			
I	Muito boa	> 12	Granito-gnaisse pouco decomposto a são e pouco fraturado	Maciço autoportante – tratamento eventual		
II	Boa	2 a 12	Granito-gnaisse biotítico e anfibolítico medianamente a pouco decomposto e fraturado e foliação persistente	2,50	3,00	5	-
III	Regular	0,6 a 2	Granito-gnaisse e eventualmente rochas básicas decompostas. Presença de água	2,40	3,00	10	-
IV	Pobre	0,04 a 0,6	Gnaisses biotíticos decompostos, podendo ocorrer eventualmente rochas básicas. Presença de água	1,70	4,00	15	-
V	Muito pobre	< 0,04	Faixas básicas e níveis muito fraturados, micáceos, decompostos, friáveis e erodíveis	1,00	4,00	20	A cada 1,00 m

Recorda-se, ainda, que as formas de tratamento preconizadas até o momento se referem somente às necessidades de revestimento do túnel na primeira etapa, que visa assegurar a estabilidade da seção durante a realização das escavações.

Cabe aqui lembrar a necessidade de que o revestimento primário seja aplicado imediatamente após os avanços de, no máximo, três trechos escavados. Quanto ao revestimento definitivo, ou de segunda etapa, é recomendável que não se aguarde o

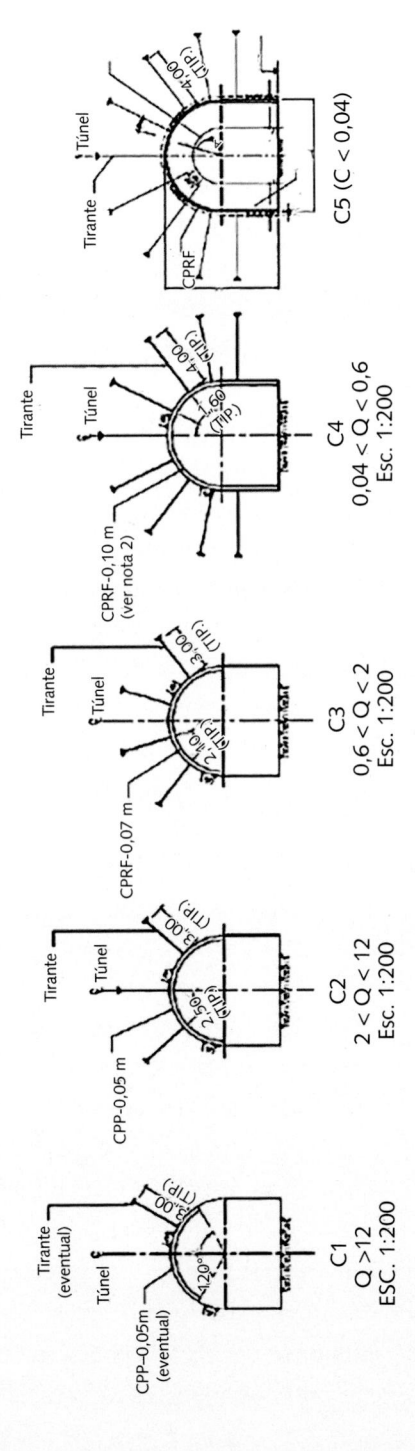

Fig. 3.12 *Tipos de tratamento em função das classes de maciço rochoso*

término da escavação do túnel para que ele seja aplicado, posto que um intervalo de tempo muito extenso entre as duas aplicações pode dar margem à ocorrência de algum acidente.

3.3.2 Revestimento final ou de segunda etapa

O revestimento de segunda etapa se destina a garantir a estanqueidade do túnel após pressurização, levando em consideração não somente a classe de rocha previamente avaliada durante a escavação, mas também os demais fatores intervenientes relacionados com o grau de confinamento, isto é, de estanqueidade. Em maciços de boa qualidade geomecânica e pouco permeáveis, satisfeitos os requisitos de confinamento, o revestimento pode ser dispensado.

Entretanto, mesmo em maciço rochosos de boas características geomecânicas e de estanqueidade, as pressões internas nas imediações do desemboque do túnel podem ultrapassar as pressões de confinamento, seja pela cobertura insuficiente conferida pelo terreno, que se reflete na diminuição da espessura da rocha, seja por tratar-se de talude de escavação, feito para permitir o encaixe de casa de força, por exemplo, conduzindo à necessidade de colocação de blindagem no trecho terminal.

Esse é o caso da Fig. 3.13, que mostra o circuito hidráulico da UHE Itapebi, no rio Jequitinhonha (BA), onde a geometria de escavação impôs a blindagem em um trecho final do túnel de adução. Os túneis forçados receberam blindagem em aço em uma extensão aproximada de 45 m, a partir da casa de força.

O comprimento da blindagem, determinado com base no critério de cobertura vertical da rocha, foi em seguida verificado através da realização de teste de macaqueamento hidráulico em uma sondagem localizada no início da blindagem. Nesse teste, a rocha foi submetida a pressões de até $2,3H_d$ sem registrar indícios de abertura de fraturas.

A espessura da blindagem em aço é normalmente dimensionada para resistir tanto à pressão externa, no caso de o túnel se encontrar vazio, quanto à pressão interna máxima no trecho considerado. Casos há, entretanto, em que esse dimensionamento é feito contando parcialmente com a colaboração da rocha do lado externo, o que requer que o espaço anelar entre a rocha e o tubo metálico seja totalmente preenchido com argamassa. Trata-se de uma operação demorada e de resultados incertos, feita a partir de furos abertos no revestimento metálico para realização das injeções e posterior tamponamento por soldagem. Testes com ultrassonografia são necessários para avaliar a efetividade e a eficiência das injeções. Já a definição da extensão da blindagem segue os critérios expostos na seção 3.4.

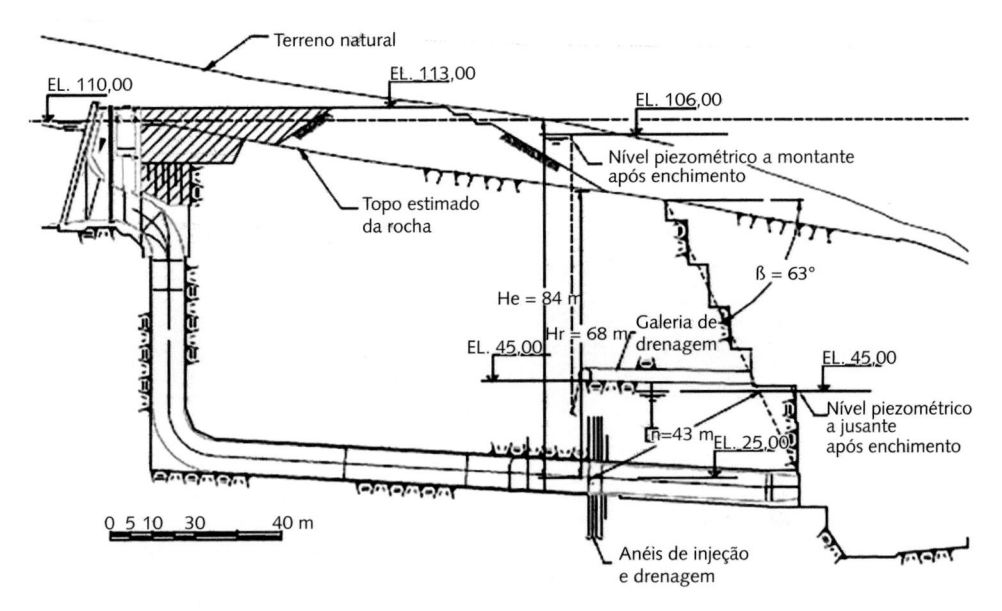

Fig. 3.13 *Geometria da escavação na UHE Itapebi, impondo a blindagem no trecho final do túnel de adução*
Fonte: Marques Filho e Duarte (2004).

No interior do túnel, o trecho blindado costuma ser precedido por um trecho de transição, revestido por concreto estrutural armado, capaz de resistir à pressão interna da água, mas podendo sofrer trincas causadas pela deformação da seção. Trata-se geralmente de trincas de pequena abertura, distribuídas longitudinalmente em toda a seção e ao longo das quais a água tem dificuldade para percolar, resultando em fluxo modesto. Esse trecho em concreto armado pode ter a extensão de alguns metros a uma dezena de metros e desempenha a função hidráulica de realizar a transição em seção cônica entre o túnel de maiores dimensões, com seção geralmente em arco-ferradura, e o trecho blindado, de seção circular e de menor diâmetro.

Em função das características geomecânicas no maciço atravessado, a maior parte da extensão do túnel pode permanecer sem revestimento ou então ser revestida por concreto projetado, dotado de malha metálica ou de grampos, conforme já referido na seção anterior. Podem ocorrer ao longo do túnel trechos de rocha intemperizada que exijam revestimentos mais resistentes, em concreto estrutural ou, mesmo, em blindagem, dependendo das características do terreno. É o caso, por exemplo, de túneis em maciços cársticos, onde o cruzamento do túnel com cavidades naturais que fazem parte do sistema hidrogeológico subterrâneo pode exigir a adoção de tal providência. É o caso, também, de faixas de rocha intemperizada, geralmente caixas de falha, orientadas desfavoravelmente, de modo a alcançar a superfície do terreno em curtas distâncias.

3.4 Métodos de determinação da extensão da blindagem

Em trechos de túneis pressurizados que não possuem confinamento vertical ou lateral adequado, incapaz de resistir aos esforços exercidos pela pressão interna, costuma-se recorrer à blindagem em aço, única solução confiável aos fins da estanqueidade do conduto, desde que adequadamente dimensionada em suas características de espessura e extensão.

No que diz respeito à extensão da blindagem, os procedimentos comumente adotados seguem duas vertentes: de um lado, os critérios que se baseiam na experiência acumulada ao longo do tempo, resultantes da apreciação de casos bem e malsucedidos, também denominados de métodos empíricos; de outro lado, os métodos que se baseiam na adoção de soluções analíticas. Embora estes últimos sejam aptos a avaliar as condições de equilíbrio necessárias ao adequado desempenho de qualquer sistema de adução pressurizado, os critérios empíricos têm sido historicamente adotados para determinar a extensão do trecho revestido com blindagem, principalmente nas etapas iniciais de projeto. Há consenso entre especialistas, entretanto, de que os critérios empíricos podem pecar pelo excesso e de que nas fases de detalhamento do projeto é recomendável a adoção de métodos analíticos, associados a técnicas de determinação do estado de tensões *in situ* do maciço rochoso nos locais considerados críticos, ao longo da diretriz do futuro túnel de adução.

Em meados do século XX, os métodos empíricos se consolidaram através da análise e da avaliação de experiências bem e malsucedidas em aproveitamentos hidrelétricos inseridos em maciços graníticos e gnáissicos do norte da Europa, a ponto de justificar a denominação de critério norueguês, graças à divulgação da metodologia por autores como Selmer-Olsen (1970), Bergh-Christensen e Dannevig (1971) e Broch (1982, 1984). A esse critério juntaram-se diversos outros, dos quais os mais conhecidos são o método do Snowy Mountains, cronologicamente o mais antigo (Dann; Hartwig; Hunter, 1964), e o método de Deere (1983), além do critério de Hoek (1982).

3.4.1 Critério do Snowy Mountains (1964)

Em 1964, o Snowy Mountains Power Authority (Austrália) desenvolveu um critério aplicável a maciços gnáissicos que, além da determinação da cobertura vertical mínima necessária, previa a definição da cobertura horizontal mínima, partindo da hipótese de que a tensão horizontal mobilizável seria equivalente à metade da tensão vertical. A Fig. 3.14 apresenta esse critério.

O confinamento vertical mínimo necessário é dado pela expressão $Hrm = He/\gamma r$, para um fator de segurança unitário, sem considerar o fator k_0, uma vez que o confinamento lateral é menos efetivo. Dependendo da qualidade do maciço rochoso, é recomendável adotar um fator de segurança entre 1,1 e 1,3 para o cálculo de Hrm, em função do nível de confiabilidade nas informações disponíveis.

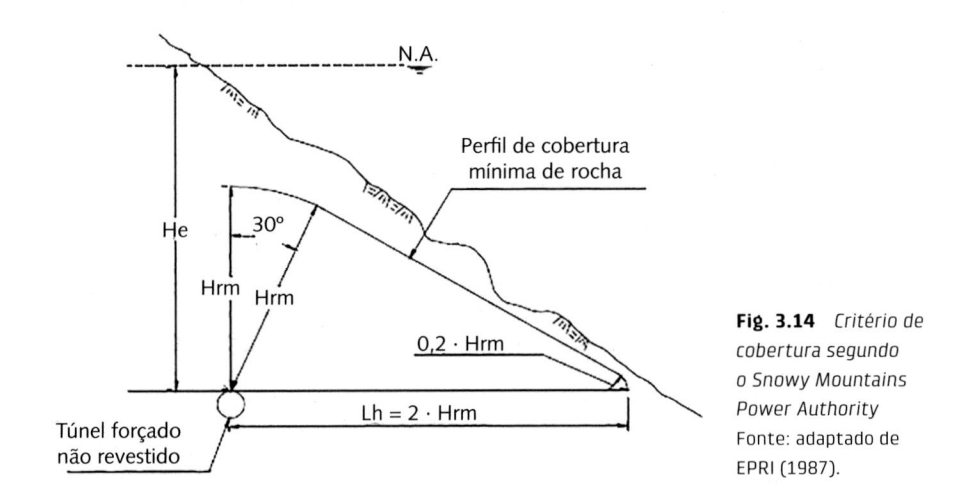

Fig. 3.14 Critério de cobertura segundo o Snowy Mountains Power Authority
Fonte: adaptado de EPRI (1987).

3.4.2 Critério norueguês

O critério norueguês considera que as condições críticas residem no fato de que as pressões internas ao túnel, atuando normalmente à encosta externa, bem como ao longo de descontinuidades paralelas a ela (como juntas de alívio de tensões), podem deslocar a massa confinante, caso a componente do peso da rocha atuando normalmente à encosta não seja suficiente para contê-las.

O critério de avaliação proposto é dado pela relação $L_n > He \cdot FS/\gamma r \cdot \cos\beta$, sendo que a cobertura vertical de rocha necessária equivale a $Hr > He \cdot FS/\gamma r \cdot \cos^2\beta$. Nessa fórmula, L_n é o confinamento mínimo necessário na perpendicular à encosta. A Fig. 3.15 apresenta esse critério.

Em condições geológicas desfavoráveis, o critério adota um fator de segurança de até 1,3. Já em condições favoráveis, o fator de segurança adotado se aproxima da unidade.

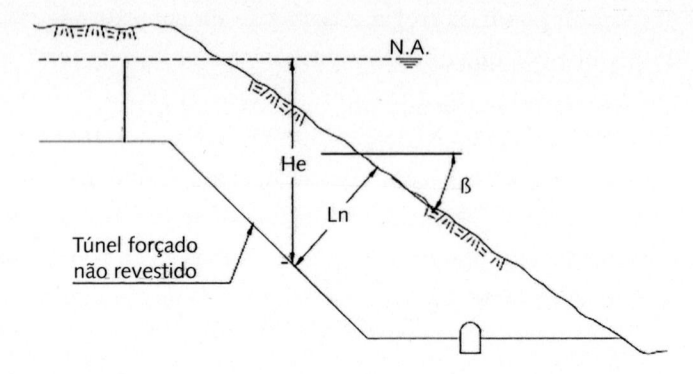

Fig. 3.15 *Critério norueguês de blindagem*
Fonte: Broch (1984).

3.4.3 Critério de Deere (1983)

O critério de Deere, datado de 1983, baseia-se na apreciação de experiências bem e malsucedidas em aproveitamentos hidrelétricos em rochas brandas na América Latina. A sinopse do artigo de Don Deere merece ser reproduzida:

> The experiences so well reported by the Norwegian authors of both good and bad performances of unlined pressure tunnels, and the recent failures reported herein of several pressure tunnels in soft rock lined with plane concrete, all point to the difficulty of the problem. Conventional rules-of-thumb have been found wanting. A conservative approach in design is warranted; the cost in time and money of repairing a failed pressure tunnel is much greater than the cost of providing initially at the downstream end additional lengths of reinforced concrete transition section and steel lining. A modified rule-of-thumb is given for the preliminary layout of these sections. The lengths should be checked later for appropriateness by hydraulic splitting tests across rock joints, conducted either in test adits or in the excavated pressure tunnel. The filling of a pressure tunnel should be slow and by steps, preferably over a period of 15 to 20 days, so that external water levels can build up. Periodic measurements should be made of water losses and of change in the piezometric levels in borings along the tunnel line.

Em tradução livre:

> As experiências relatadas até o momento pelos autores noruegueses a respeito do bom ou do mau desempenho de túneis pressurizados não revestidos e as recentes rupturas aqui relatadas de diversos túneis pressurizados, em rochas brandas, revestidos com concreto simples, todas apontam para a complexidade do problema. As usuais regras práticas têm se mostrado insuficientes. É necessária uma postura conservadora nos projetos; o custo, em tempo e dinheiro, para a recuperação de um túnel pressurizado que sofreu danos é muito maior do que o custo inicial de providenciar na extremidade jusante um prolongamento do trecho de transição

em concreto reforçado e do revestimento em aço. A adequação da extensão deveria ser verificada mais tarde, através da realização de ensaios de fraturamento hidráulico ao longo das descontinuidades da rocha, seja em nichos, seja ao longo do túnel hidráulico escavado. O enchimento de um túnel pressurizado deveria ser lento e por etapas, de preferência por um período de 15 a 20 dias, de maneira que os níveis d'água externos possam se instalar. Deveriam ser realizadas medições periódicas das perdas de água e das mudanças nos níveis piezométricos em furos distribuídos ao longo do eixo do túnel.

Deere propôs então que, na etapa preliminar de projeto, a blindagem metálica se estendesse a partir da casa de força para o interior da encosta até alcançar uma cobertura vertical Z igual a 0,8H e que a cobertura horizontal fosse igual a 2,0H. A partir desse ponto, uma transição de concreto armado deveria se estender até o local onde Z = 1,3H. A Fig. 3.16, reproduzida do referido artigo de Deere, apresenta esse critério.

Uma segunda etapa de dimensionamento, ainda dentro do critério de Deere, consiste em conferir os comprimentos referidos através da averiguação do estado de tensões *in situ*, seja através de ensaios de fraturamento hidráulico (*hydraulic fracturing*) em furos de sondagem da campanha de investigações de projeto, seja pela realização de testes de macaqueamento hidráulico (*hydraulic splitting*) durante a construção do túnel, de modo a ajustar a extensão da blindagem e do revestimento em concreto armado.

No final da blindagem, a pressão de macaqueamento hidráulico deveria ser igual ou maior do que 120% de H, enquanto no final do revestimento em concreto armado deveria ser de pelo menos 140% de H. Caso os resultados dos testes de macaqueamento hidráulico forneçam valores mais altos, a extensão da blindagem e do

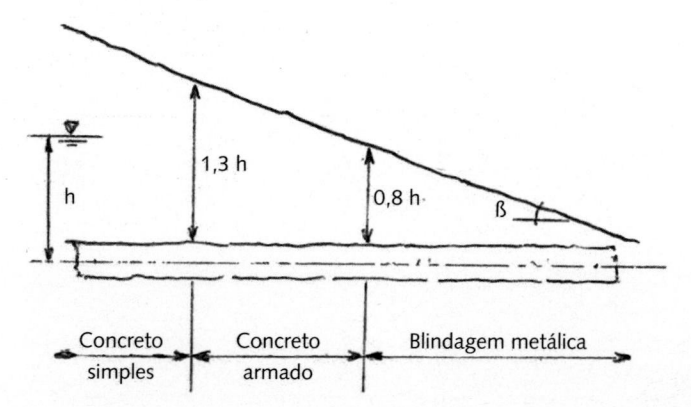

Fig. 3.16 *Critério de Deere*

revestimento em concreto armado pode ser reduzida de alguma monta, mas nunca abaixo de 0,6H para cobertura vertical da blindagem e de 1,0H para cobertura vertical do concreto armado.

Finalizando esta seção, reproduz-se na Fig. 3.17 um gráfico que resume a experiência adquirida pela engenharia norueguesa em 56 projetos de usinas hidrelétricas dotadas de obras subterrâneas de adução pressurizadas, através do qual é possível definir a fronteira entre casos bem e malsucedidos.

Destes, 35 projetos foram desenvolvidos pelo Norwegian Geotechnical Institute (NGI, 1972) e os outros 21 provêm de diversas partes do mundo. Na equação apresentada no gráfico, C_{RM} corresponde à cobertura mínima perpendicular à encosta e h_s corresponde à carga estática no ponto de interesse (respectivamente Ln e He da Fig. 3.15). Na ordenada, a relação C_{RM}/h_s equivale ao índice de cobertura, enquanto na abscissa o símbolo β revela a declividade do terreno natural. A curva que distingue os casos bem-sucedidos dos insucessos, com fator de segurança unitário, é definida para γr = 2,75 g/cm³. A maioria dos túneis pressurizados que apresentaram vazamentos significativos situou-se abaixo da curva.

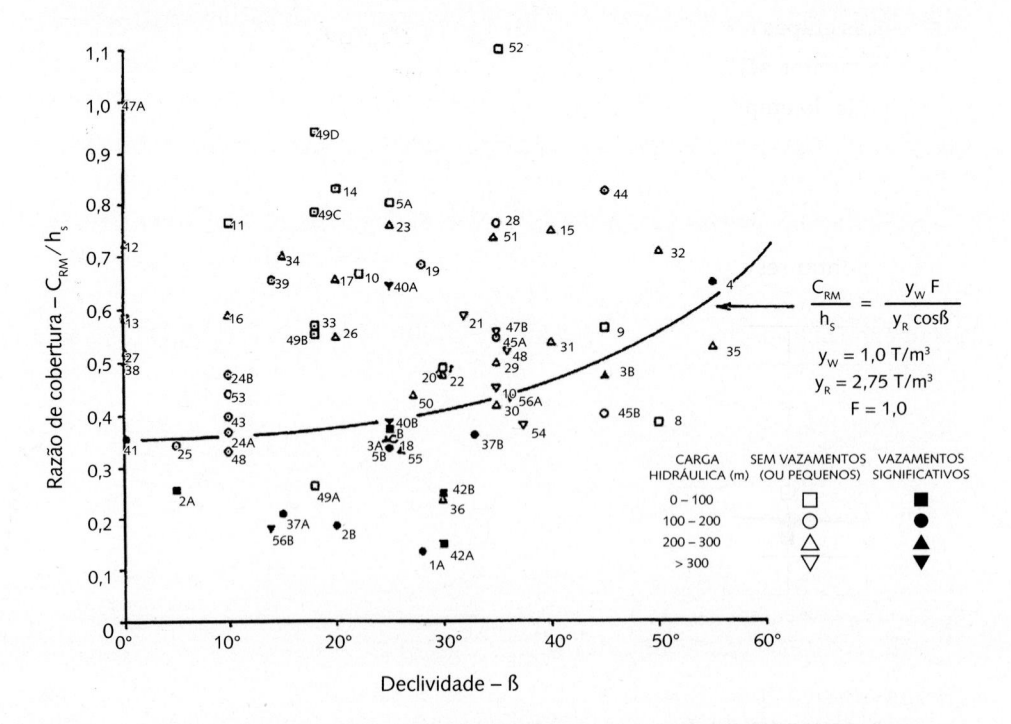

Fig. 3.17 *Experiências bem e malsucedidas em túneis pressurizados adotando o critério norueguês*
Fonte: NGI (1972 apud EPRI, 1987).

Os pontos situados abaixo da curva nos quais não ocorreram fugas de água (ou foram pequenas) correspondem aos locais em que as condições geológicas eram favoráveis.

Outro ensaio de correlação destinado a verificar a acurácia do critério norueguês, comparativamente ao de Deere, foi feito por Amberg e Vietti (2016) e é apresentado na Fig. 3.18. Na figura consta uma seleção de casos reais de poços e túneis pressurizados não revestidos, com indicação de terem ocorrido, ou não, danos ou vazamentos. A curva inferior representa o limite definido pelo critério norueguês, admitindo um peso específico de 26,5 kN/m³ para o maciço rochoso. A figura mostra, também, o limite de acordo com o critério de Deere, em que a cobertura horizontal limite é convertida em termos de cobertura vertical pela simples adoção de um talude inclinado de uma declividade β.

Constata-se, nessa figura, que o critério norueguês se apresenta bem confiável, uma vez que somente os casos abaixo da curva-limite sofreram danos, enquanto os casos acima da curva ficaram isentos. Verifica-se, também, que o critério de Deere possui margens de segurança bem mais amplas.

É comum a todos os critérios empíricos a recomendação de que sua adoção se restrinja às etapas iniciais de projeto e que, à medida que este evolui, novos recursos e procedimentos sejam adotados de modo a consolidar o grau de segurança e economicidade do empreendimento. Como referido na seção 3.1, a realização de testes de estanqueidade, capazes de determinar as tensões mínimas atuantes no maciço rochoso, traz contribuição efetiva para orientar a adoção da blindagem metálica.

Quanto à utilização de soluções analíticas, embora estas apresentem dificuldades em apontar resultados práticos em casos reais, devido à quantidade de variáveis

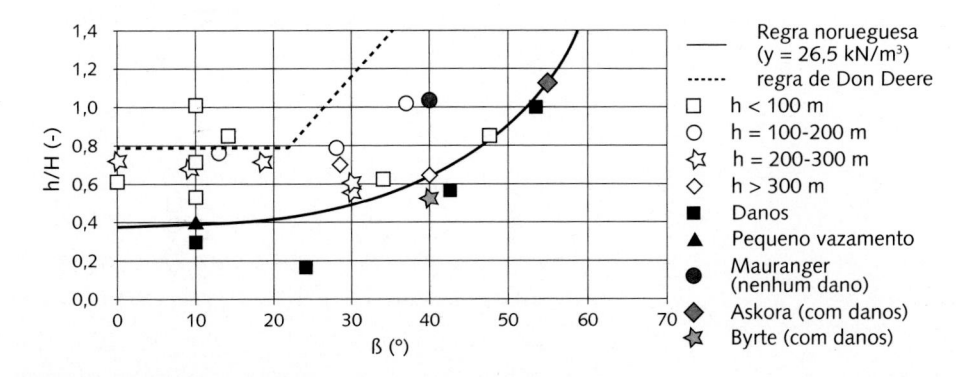

Fig. 3.18 *Limites definidos por regras empíricas de projeto para evitar fraturamento hidráulico em túneis e poços pressurizados no interior de encostas*
Fonte: adaptado de Amberg e Vietti (2016).

intervenientes, ainda assim têm a capacidade de avaliar a influência de fatores individuais, contribuindo para a otimização do projeto.

3.4.4 Critério de Hoek (1982)

Em 1982 Hoek ponderou que a cobertura mínima vertical em rocha para um túnel pressurizado, em condições de topografia relativamente plana, poderia ser calculada simplesmente pela fórmula:

$$FS = \frac{\sigma_{mín}}{\gamma_\omega h_\omega} \tag{3.1}$$

Entretanto, uma vez que não está assegurado que as tensões horizontais sejam superiores às verticais, principalmente se o túnel estiver localizado em uma área de alívio de tensões próximo à encosta, é recomendável que se realizem análises bidimensionais de tensões gravitacionais por elementos finitos em seções paralelas e normais ao túnel de modo a obter a distribuição das tensões horizontais. A localização do ponto em que a blindagem começa deve então ser determinada através da atribuição dos fatores de segurança, como mostrado na Fig. 3.19. No exemplo, uma vez escolhido um FS = 1,3 (por exemplo), a blindagem deve avançar até 345 m a montante do término do conduto, local em que se atinge uma cobertura de rocha capaz de resistir às pressões internas por si só.

Antes de tomar essa decisão, entretanto, é recomendável que se façam testes especiais de injeção de água na zona julgada crítica, onde se considera que a blindagem possa ter início. O teste consiste em abrir um furo de sondagem até alcançar a chamada zona crítica, isolando um trecho de 3 m a 5 m de extensão, e nele injetar água sob uma pressão equivalente à máxima dinâmica a ser instalada. A pressão no teste deve ser mantida por várias horas, para verificar se ocorrem perdas importantes ou se o fraturamento hidráulico se manifesta.

3.4.5 O papel dos testes de macaqueamento hidráulico

Em um projeto de túnel pressurizado em que tenham sido identificados os trechos em condições de confinamento menos favoráveis e a respeito dos quais ocorram dúvidas sobre a necessidade, ou não, de blindagem, para evitar o fraturamento hidráulico, é recomendável que se efetuem testes de macaqueamento hidráulico (*hydraulic jacking tests*). O teste é feito em furos de sondagem rotativa, provida de recuperação de testemunhos, o mais próximo possível dos trechos definidos como de maior interesse, com a ajuda de obturadores duplos, e consiste em determinar as

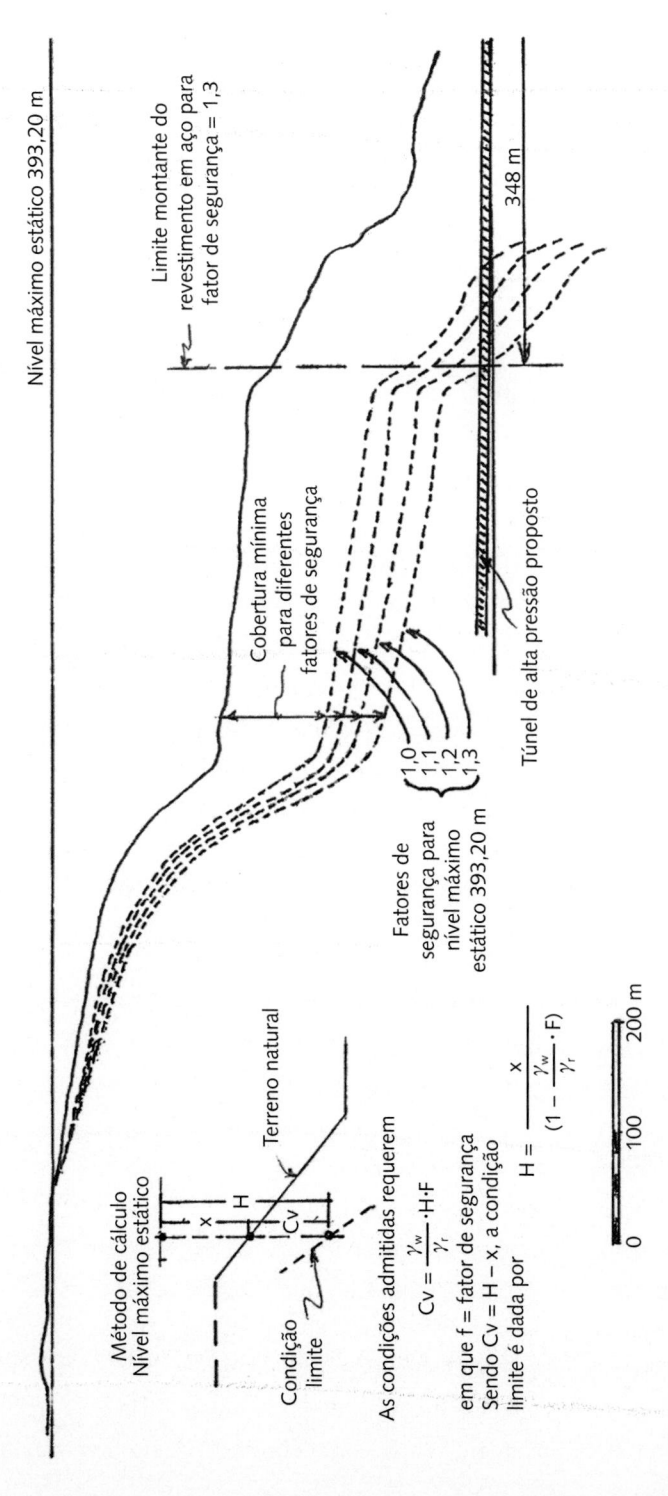

Fig. 3.19 *Método de Hoek para determinação do comprimento da blindagem*
Fonte: adaptado de Hoek (1982 apud Lamas, 1993).

Nível máximo estático 393,20 m

Limite montante do revestimento em aço para fator de segurança = 1,3

348 m

Cobertura mínima para diferentes fatores de segurança

1,0
1,1
1,2
1,3

Fatores de segurança para nível máximo estático 393,20 m

Túnel de alta pressão proposto

Terreno natural

Método de cálculo
Nível máximo estático

Condição limite

As condições admitidas requerem

$$Cv = \frac{\gamma_w}{\gamma_r} \cdot H \cdot F$$

em que f = fator de segurança
Sendo Cv = H – x, a condição limite é dada por

$$H = \frac{x}{\left(1 - \frac{\gamma_w}{\gamma_r} \cdot F\right)}$$

0   100   200 m

tensões principais mínimas (σ_3) e máximas (σ_1) através do controle de vazões d'água e de pressões induzidas através de bombeamento em maciços fraturados. A abertura de fraturas na rocha é indicada pelo aumento das perdas de água ou pela súbita queda da pressão de ensaio, levando à determinação da tensão principal mínima no maciço local. A partir dos resultados dos testes é possível determinar o coeficiente de empuxo (k_0), fornecido pelo grau de confinamento lateral no ponto específico ensaiado (Kanji, 2012).

3.5 Critérios de enchimento e esvaziamento de túneis pressurizados

3.5.1 Aspectos gerais e precauções

O enchimento e o esvaziamento de um túnel pressurizado constituem operações delicadas, em termos de segurança, e requerem uma cuidadosa programação prévia, com tempo de duração mínimo determinado. Tanto a pressurização quanto a despressurização introduzem mudanças no meio físico que envolve o túnel, sendo que a água desempenha um papel fundamental nesse processo por ser o principal elemento propagador das mudanças de pressão. Por ser a água praticamente incompressível, a transmissão de pressões ao longo do conduto principal é instantânea. Já no meio circundante, a velocidade de propagação é função do tipo de revestimento de que o túnel foi dotado e da permeabilidade do referido meio circundante.

3.5.2 Inspeção prévia ao interior do túnel e externamente

Antes da data prevista para o enchimento parcial ou total de um túnel pressurizado, é necessário que se realize uma inspeção rigorosa ao longo de sua extensão, tanto externamente quanto internamente. Do lado externo, isto é, acompanhando-se a(s) encosta(s) que cobre(m) o túnel, deve-se registrar a presença de surgências localizadas, em particular ao longo de córregos e fundos de vale, medindo-lhes a vazão, bem como assinalar a ocorrência de manchas de umidade e sinais de instabilidade (áreas escorregadas, trincas). Todas as informações devem ser registradas em relatório, com sua localização precisa, desenhos, croquis e fotos, servindo de referência básica para as futuras inspeções.

A operação de inspeção é precedida pela adoção de medidas gerais, para suporte e realização das operações, particularmente no que tange à segurança do pessoal envolvido. Entre as medidas gerais, incluem-se providências quanto à iluminação interna ao túnel, a ventilação prévia e a participação de equipe de segurança.

A inspeção ao interior do túnel é feita por geólogo de engenharia e/ou engenheiro geotécnico, de preferência por quem tenha conhecimento prévio dos trabalhos de estabilização realizados na fase construtiva e da existência de zonas críticas. O geólogo/engenheiro deve ser acompanhado por membros da equipe de operação e/ou implantação do aproveitamento, além de braçais para a remoção de material rochoso desprendido das paredes e da abóbada ou, ainda, de qualquer outro acúmulo de material de origem diversa, inclusive na região do *rock trapp*. O registro dos trabalhos de mapeamento geológico-geotécnico de paredes e abóbada deve estar disponível durante a inspeção.

Nessa ocasião, deve ser feito um novo "bate-solto" em eventuais locais que despertem a atenção, com o propósito de remover fragmentos de rocha pendentes, nas paredes e na abóbada.

3.5.3 Procedimento para o enchimento inicial

A fase de enchimento do túnel, em virtude de sua importância, tem recebido atenção crescente, culminando com a determinação de procedimentos específicos bem detalhados. Em muitos casos, particularmente nos de mais elevada carga hidráulica, o enchimento do túnel, que equivale a sua pressurização, tem sido realizado em etapas progressivas, de carregamento crescente, pontuadas por intervalos de tempo durante os quais se verifica a adequação do sistema.

Ao se sinalizar alguma não conformidade com relação ao comportamento previsto, reverte-se a operação de enchimento, esvaziando-se o túnel, de modo a proceder às correções necessárias. Dependendo da natureza do problema identificado, o túnel pode/deve ser inspecionado.

Um exemplo de esvaziamento duplo (por duas vezes) associado à inspeção ocorreu na PCH São Tadeu I (MT), que mais tarde, no enchimento final, viria a sofrer relevantes danos, decorrentes de macaqueamento hidráulico do maciço rochoso envolvente (Caso 8). A Fig. 3.20 documenta a sequência de operações naquela usina.

Após o primeiro carregamento, que atingiu cerca de um terço da carga total, registrou-se o vazamento da válvula de água bruta, o que motivou o primeiro esvaziamento. A inspeção ao interior do túnel não revelou danos significativos. Já o segundo carregamento alcançou somente 25% da carga total, quando novo defeito na válvula de água bruta motivou outro esvaziamento do túnel, que dessa vez não foi inspecionado. O terceiro enchimento foi conduzido até o final, com uma pausa de 10 h a cerca de 75% da carga total. Ao alcançar o término do enchimento, ocorreu o acidente de grandes proporções, descrito no relato do acidente na PCH São Tadeu I.

Ao finalizar a construção de um túnel a ser pressurizado, razões de ordem econômica indicam geralmente que é melhor não realizar a limpeza do piso, revestindo-o com delgada camada de concreto, apoiada sobre rachão compactado. Apesar da economicidade, trata-se de um sistema frágil, que pode ser danificado por excesso de carga de veículos ou pela energia das águas na fase de enchimento do túnel ou, ainda, pelas subpressões durante o esvaziamento, caso o piso não possua drenagem ou o esvaziamento seja excessivamente rápido. A Fig. 3.21 reproduz um projeto padrão de revestimento do piso, sem remoção do rachão.

Constata-se nessa figura a indicação de furos de drenagem, para alívio do empuxo hidrostático de subpressão em casos de desequilíbrio de pressões, como por ocasião do esvaziamento do túnel.

A Fig. 3.22 documenta a situação de um túnel pressurizado após esvaziamento para inspeção. Constatou-se que o revestimento de concreto instalado no piso havia sido arrancado pela energia das águas, não se sabendo se foi por ocasião do enchimento inicial ou durante um esvaziamento anterior realizado.

Observa-se que a laje de concreto era visualmente de pequena espessura, o que resultou em maior fragilidade perante a ação do caudal. Constata-se, finalmente,

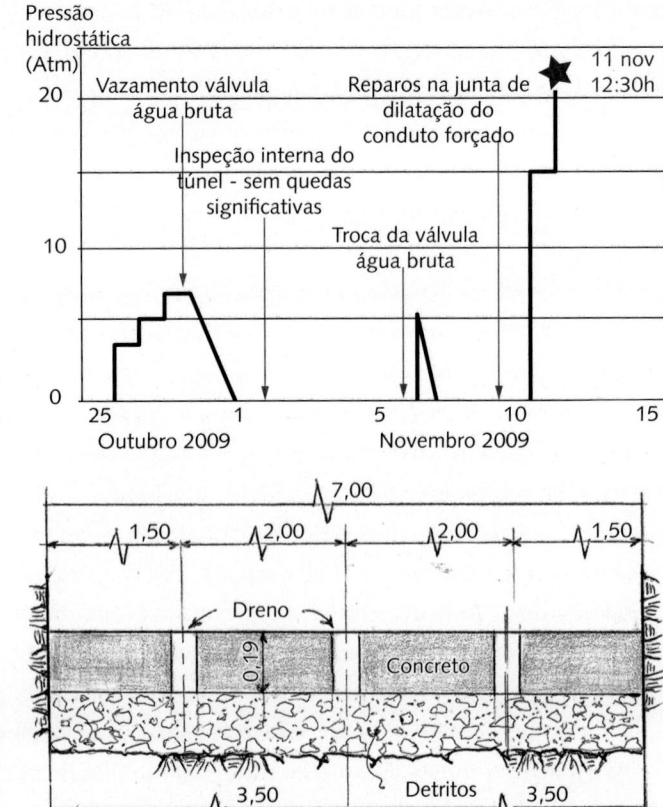

Fig. 3.20 PCH São Tadeu I – sequência de operações na fase de enchimento do túnel de adução
Fonte: Kanji (2017).

Fig. 3.21 Projeto padrão de revestimento do piso de um túnel de adução, sem remoção do rachão – seção transversal (medidas em metros)

Fig. 3.22 Revestimento de concreto do piso arrancado pelo fluxo das águas e/ou pela subpressão

a aparente ausência de drenagem nos blocos arrancados do piso, o que representa mais um fator contra a segurança do sistema.

Infere-se das observações apresentadas a necessidade de que a operação de enchimento seja realizada sob as condições de segurança mais efetivas possíveis, o que pode resultar no alongamento do tempo de enchimento, podendo chegar à duração de semanas. Esse procedimento cauteloso foi defendido por Deere (1983), que assim se expressou: "*The filling of a pressure tunnel should be slow and by steps, preferably over a period of 15 to 20 days, so that external water levels can build up*" ("O enchimento de um túnel pressurizado deveria ser lento e por etapas, de preferência por um período de 15 a 20 dias, de maneira que os níveis d'água externos possam se instalar").

Em qualquer caso de pressurização de um túnel, ao se completar o enchimento do reservatório deve-se aguardar algum tempo, o suficiente para que materiais flutuantes, como galhos e detritos, tenham sido carreados pelo vertedouro. Em seguida, procede-se à abertura inicial de pequeno vão das comportas da tomada d'água, liberando o escoamento para o interior do túnel de forma moderada, contando com a eficiência das grades e limpa-grades. Essa primeira abertura deve ser estabelecida levando em conta a declividade do túnel a ser preenchido, pois se corre o risco de provocar um fluxo acelerado que pode descalçar o piso do túnel, conforme documentado anteriormente.

A primeira etapa de abertura da comporta é finalizada quando, procedendo de jusante para montante, alguma estrutura auxiliar tiver sido alcançada pelo enchimento parcial, por exemplo ao se atingir um acesso auxiliar, normalmente implantado nas imediações da casa de força, ou outra janela de acesso intermediário. Torna-se então possível checar a estanqueidade dos tampões instalados nessas aberturas ou verificar eventuais surgências em suas imediações. O tempo de duração do intervalo entre sucessivas etapas de enchimento deve ser no mínimo de 24 h, prazo mínimo indispensável para avaliação dos reflexos das operações em andamento.

Uma vez finalizado o enchimento do túnel, fecham-se completamente as comportas da tomada d'água e observa-se o comportamento do conjunto túnel-maciço-encosta. Provavelmente poderá se constatar um discreto rebaixamento do nível d'água no emboque do túnel, no prazo de horas, devido à absorção que irá ocorrer ao longo de suas paredes para saturação do maciço envolvente. Caso o rebaixamento seja significativo, é indicativo de que existe ao longo do túnel algum local por onde ocorre escape de água de magnitude superior às expectativas. O monitoramento deve se estender à(s) encosta(s) adjacente(s) ao túnel, de modo a verificar eventuais mudanças comparativamente ao levantamento da situação inicial.

A próxima abertura da comporta da tomada d'água irá completar o enchimento do túnel e permitir o início dos testes dos equipamentos eletromecânicos do sistema de geração. Ao longo da etapa de comissionamento e após um período inicial de operação da usina, devem ser feitas novas inspeções pormenorizadas do lado externo, ao longo das encostas, bem como analisado o registro da eventual instrumentação instalada, de modo que se configure um quadro de compreensão e de possível adoção de medidas corretivas.

A preocupação com a estabilidade das encostas adjacentes ao túnel decorre não apenas da necessidade de averiguação de eventuais escapes significativos de água, mas também da possibilidade de trechos da cobertura superficial serem instabilizados, mesmo na presença de fugas de água menos relevantes. Basta, para isso, que a rede de fluxo que se forma após a pressurização do túnel alcance a cobertura de solos da encosta, saturando-a ou exercendo pressões hidrostáticas no caso de solos menos permeáveis, podendo culminar com a instabilização do trecho (Fig. 3.23).

No caso da figura, a pressurização do túnel impôs uma modificação no maciço, deslocando a freática original para uma posição mais elevada. A nova rede de fluxo acabou colocando sob pressão (ou saturando) o horizonte de solo superficial menos permeável, criando uma situação de risco para o equilíbrio da encosta.

3.5.4 Procedimento para esvaziamento

O esvaziamento de um túnel pressurizado não é uma operação usual, que faça parte dos procedimentos de rotina em qualquer tipo de empreendimento. Longe disso,

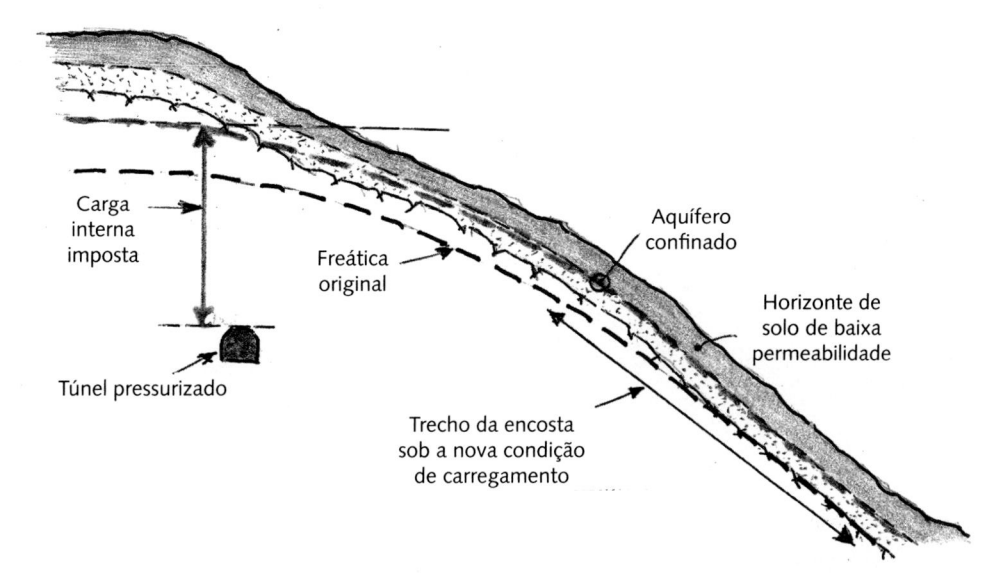

Fig. 3.23 *Modificação da situação de equilíbrio da encosta devida à mudança imposta pela pressurização do túnel*

constitui uma operação de exceção, somente recomendada caso ocorram problemas no circuito hidráulico ou em equipamentos eletromecânicos. Em caso de necessidade de esvaziamento, devem ser adotadas várias medidas no sentido de evitar consequências indesejáveis no interior do túnel.

Quando realizada de forma brusca e rápida, a despressurização de um túnel em rocha costuma ser pontuada por danos nas paredes e na abóbada, devido ao súbito desequilíbrio de pressão no meio circundante. Por esse motivo, o tempo de esvaziamento de um túnel pressurizado deve ser suficientemente longo para que as pressões hidrostáticas em vigor ao longo das descontinuidades que integram o sistema de compartimentação do maciço se dissipem sem danificar as paredes e a abóbada do túnel. Os procedimentos que regem a velocidade de enchimento e/ou esvaziamento de um túnel pressurizado derivam da somatória de experiências prévias e se enquadram no rol de regras empíricas. A Tab. 3.2 apresenta uma recomendação da velocidade de enchimento/esvaziamento em função das características geomecânicas do maciço rochoso, expressas segundo o critério Rock Mass Rating (RMR), de Bieniawski. Apresentada

Tab. 3.2 Diretrizes de velocidade para enchimento/esvaziamento de um túnel pressurizado

RMR (%)	Velocidade (m/h) de enchimento/esvaziamento
< 30	< 2
30-60	2-5
> 60	5-10 (máx.)

Fonte: Rancourt (2010).

por Rancourt (2010), a recomendação se baseia em valores encontrados em Benson (1988) e Merritt (1999).

O RMR representa um índice de classificação geomecânica global do túnel. Entretanto, devido à diversidade de características geomecânicas que pode ser esperada em qualquer maciço rochoso, em função de sua heterogeneidade intrínseca, resulta que a velocidade de enchimento e/ou esvaziamento será determinada pelas mais baixas características geomecânicas presentes em qualquer trecho do túnel. Ressalta-se que, se nos trechos com RMR baixos forem aplicadas formas de tratamento adequadas, as velocidades poderão ser maiores.

Por ocasião do esvaziamento, seu ritmo deve ser cuidadosamente registrado, anotando-se a variação de níveis no interior do túnel, em intervalos de tempo previamente estabelecidos, por exemplo, a cada tantos minutos. É recomendável, para esse fim, o emprego de equipamentos capazes de prover o registro de todas as variáveis de forma automática. Esse registro histórico permite avaliar as vazões drenadas comparativamente ao volume global do túnel, o que fornece uma ideia do grau de permeabilidade média do maciço envolvente, podendo-se averiguar se há contribuição (de água) do maciço para o interior do túnel ou se, ao contrário, este fornece água para o maciço.

O monitoramento do esvaziamento deve ser efetuado pelo controle dos dispositivos normalmente presentes: o registro da válvula borboleta na casa de força, o manômetro e a descida do nível d'água na chaminé de equilíbrio, caso esta exista, ou no poço de aeração da tomada d'água. Eventuais medidores de nível d'água instalados nas vizinhanças do túnel podem fornecer informações relevantes e revelar a evolução do lençol freático com o esvaziamento.

3.5.5 Procedimento para inspeção

A despressurização, apesar de programada para não afetar a integridade das paredes, do piso e da abóbada do túnel, pode acarretar problemas localizados, que somente uma inspeção ao interior irá identificar.

Diante dos possíveis riscos envolvidos, a inspeção exige a adoção de normas rigorosas de segurança, que consistem em medidas de ventilação, iluminação, comunicação com o meio externo e remoção dos materiais. Se possível, deve-se contratar uma empresa com reconhecida experiência em segurança de obras subterrâneas. Na preparação da inspeção, devem estar disponíveis equipamentos e materiais para eventual aplicação de formas de tratamento (compressores, bombas, equipamentos para lançamento de concreto projetado, perfuratrizes para instalação de chumbadores e mão de obra especializada).

A primeira incursão no interior do túnel recém-esvaziado deve atentar para as condições de segurança, realizando-se um "bate-choco" e um "bate-solto".

A identificação dos locais em que se constate a presença de detritos provenientes de danos no contorno da seção ou no sistema de revestimento exige que, previamente à inspeção por técnicos, seja marcado o estaqueamento ao longo das paredes, reproduzindo o sistema original. Isso requer que a equipe de topografia seja uma das primeiras a atuar no interior do túnel. De outra forma, a localização de eventuais danos acaba sendo imprecisa.

A inspeção técnica deve ser realizada por pessoal qualificado, sendo necessária a participação de um geólogo de engenharia e/ou um engenheiro geotécnico, provido(s) da documentação de projeto e do tratamento das paredes e da abóbada do túnel como construído (documentos *as built*).

As principais observações a serem feitas e registradas consistem em:
- identificação e descrição de danos e locais de risco;
- descrição do material acumulado no piso, com avaliação de volume e dimensões;
- registro de entradas de água, com avaliação de vazão, qualidade da água, presença de material carreado;
- registro fotográfico de todas as ocorrências;
- registro de erosões e cavitações (casos de extravasores em túnel).

A inspeção é extensiva ao *rock trapp*, para registro e avaliação da natureza do material acumulado. Caso se constate que o volume de detritos acumulado ao longo do túnel e no *rock trapp* não dificulta sua operacionalidade, poderá não ser removido.

Todas as informações devem constar de relatório, documentado com localização, desenhos, croquis e fotos.

Em paralelo com a inspeção ao interior do túnel, deve ser realizada outra inspeção nas encostas que o abrigam, observando-se a ocorrência eventual de novos pontos de surgência ou o desaparecimento de outros registrados anteriormente.

3.5.6 Procedimento para reenchimento e retomada da operação

O reenchimento do túnel deve ser, também, gradual, em operações por etapas em determinado tempo, da mesma forma que no enchimento inicial, sendo monitorado como na operação de esvaziamento.

Devem ser efetuadas observações no entorno do maciço que abriga o túnel, inspecionando os principais pontos de interesse, como o flanco da encosta e os pequenos talvegues e fundos de vale.

Estando o túnel em plena carga, concomitantemente à retomada de operação do aproveitamento, deve ser feita inspeção rigorosa no interior da casa de força, no caso de usinas hidrelétricas, ou da casa de bombas ou caverna de manobra, em estações de abastecimento de água, em busca de sinais de infiltrações de água, em particular ao longo das paredes internas voltadas para os dutos de alimentação.

3.5.7 Mudanças do lençol freático

A abertura de um túnel que se destina a ser pressurizado e que se encontre localizado abaixo da superfície freática introduz significativas mudanças na situação de equilíbrio original, quando o lençol freático somente se submetia às oscilações sazonais decorrentes das estações alternadas de estiagem e de chuvas. A cavidade do túnel, enquanto permanece vazia no período de construção, exerce forte atração na rede de fluxo da encosta, que sofre rebaixamento generalizado.

Com o carregamento e a pressurização do túnel, ocorre de início uma paralisação do referido fluxo de fora para dentro, seguida, ou não, por uma inversão, de dentro para fora do túnel, dependendo da magnitude da pressão interna comparativamente à carga imposta pelo lençol freático. Para o acompanhamento das oscilações do lençol freático, costuma-se realizar medições periódicas do nível d'água em furos de sondagem eventualmente feitos nas etapas de projeto preliminar ou básico e adaptados para essa finalidade, assim como em novos medidores de nível d'água (MNAs) instalados para esse fim.

Os níveis de pressão interna impostos pelo enchimento do túnel podem gerar um fluxo d'água, de dentro para fora, tão intenso a ponto de ultrapassar em cota a posição do lençol freático original. Nesse caso, a nova superfície freática pode gerar uma situação de desequilíbrio nas encostas em que o túnel se insere, levando ao desencadeamento de escorregamentos.

4 IDENTIFICAÇÃO DOS LOCAIS DE ESCAPE DA ÁGUA

Em túneis pressurizados, o volume de água que alcança seu destino dificilmente será exatamente o mesmo que foi inserido no emboque, devido a perdas que ocorrem ao longo do túnel, mesmo em se tratando de um maciço de boas características geomecânicas e hidrogeológicas, levando-se em conta, ainda, a infiltração alimentada pelo lençol freático circundante.

Na grande maioria dos casos, as eventuais perdas são consideradas aceitáveis, como se fossem inerentes ao sistema implantado. Casos há, entretanto, em que as perdas são significativas, a ponto de despertar a atenção e o interesse em identificar os possíveis locais responsáveis pelos "vazamentos".

Em algumas circunstâncias, o registro das observações realizadas antes do enchimento do túnel ao longo do(s) maciço(s) adjacente(s), em particular o registro da vazão ao longo de córregos e surgências, pode levar à identificação do trecho de túnel mais suscetível a vazamentos, quando confrontado com a classificação do maciço feita na etapa construtiva e ao tipo de revestimento utilizado. De qualquer maneira, a eliminação do(s) vazamento(s) que ultrapasse(m) o limite do aceitável deve requerer o esvaziamento parcial ou total do túnel, para que se identifique com precisão o local do vazamento no interior do túnel e nele sejam implementadas medidas corretivas.

O procedimento de esvaziamento de um túnel pressurizado pode ser conduzido de forma que contribua para localizar o(s) ponto(s) de ocorrência do(s) vazamento(s) mais intenso(s), antes da realização da inspeção no interior do túnel.

O processo de esvaziamento que pode ser denominado "espontâneo" consiste em suspender a alimentação do túnel, mantendo fechados os registros, as comportas e as válvulas de entrada e de saída. Nessa condição, o esvaziamento do túnel ocorre somente através das perdas de água pelo contorno de sua seção. Com um acompanhamento manométrico de precisão da carga d'água interna, ou com a medição detalhada da descida do nível d'água na chaminé de equilíbrio ou no orifício de aeração da tomada d'água, ou em ambos, é possível lançar um gráfico de evolução da relação carga/distância.

Em gráficos suficientemente detalhados, é possível identificar mudanças de gradiente, ou pontos de inflexão, que refletem eventuais locais de fuga d'água, desde que estes sejam responsáveis por escapes significativos. De posse dessa informação, a inspeção feita após a finalização do esvaziamento parcial ou total do túnel poderá ser orientada para os referidos locais. O gráfico da Fig. 4.1 procura documentar o teste de esvaziamento espontâneo descrito. Nele foram lançadas três trajetórias esquemáticas de esvaziamento. A trajetória superior se refere a uma situação de maciço rochoso homogêneo, em que as fugas d'água são moderadas e seguem uma curva exponencial, proporcionalmente distribuídas ao longo do traçado do túnel. Já as duas outras trajetórias apresentam uma e duas inflexões, no sentido de uma desaceleração brusca do ritmo de esvaziamento do túnel, que sinaliza possíveis locais de escape das águas em volume significativo.

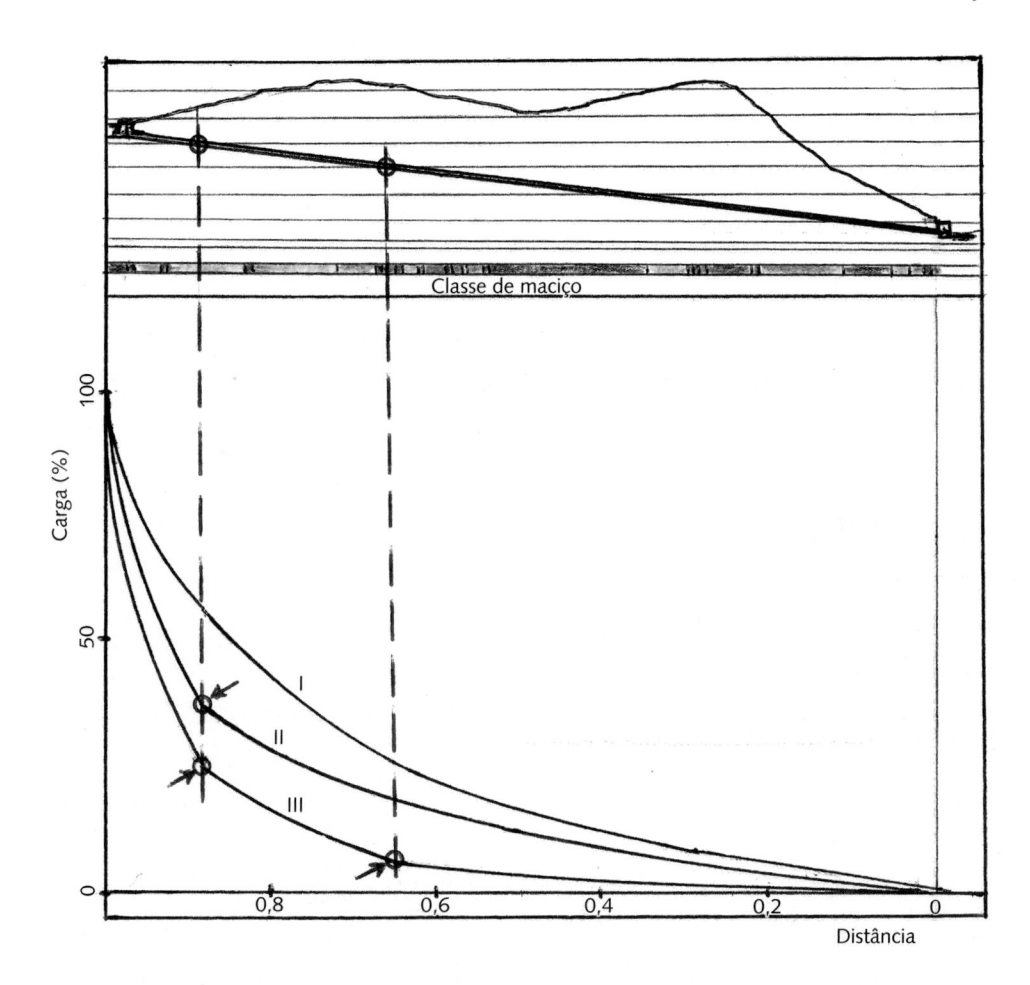

Fig. 4.1 Trajetórias esquemáticas de esvaziamento espontâneo em um túnel que apresenta nenhum, um ou dois pontos de escape de água significativos

5 BREVE HISTÓRICO DOS TÚNEIS HIDRÁULICOS NO BRASIL

Embora túneis rodoviários no Brasil remontem a meados do século XIX, precedidos por túneis de mineração séculos antes e por túneis ferroviários na primeira metade do século XIX, o primeiro túnel hidráulico de que se tem notícia no Brasil foi o da usina hidrelétrica de Fontes Velha, da Light (RJ), que aduz as descargas do ribeirão das Lajes para a geração de energia elétrica desde 1906. O sistema de adução original era constituído por três túneis, que se alternavam com trechos em conduto forçado a céu aberto (Fig. 5.1).

Em 1941, o sistema original foi substituído por um único túnel. A Fig. 5.2 traz a seção longitudinal desse túnel, bem como de um segundo túnel, paralelo ao primeiro, que não chegou a ser completado por razões logísticas. Em sua extremidade de montante, o túnel se abastecia na represa da barragem de Lajes, em sua configuração inicial. A extensão do túnel, que ainda se encontra em funcionamento, é de aproximadamente 2.200 m.

A seção do túnel é circular, com diâmetro de 6 m. A Fig. 5.3 mostra os esquemas de injeções de colagem entre o concreto de revestimento e o maciço rochoso em função da qualidade da rocha.

No início do século passado outras hidrelétricas pequenas também tiveram adução por túnel, como Coronel Fagundes (RJ). Entretanto, o destaque foi o túnel de Tocos, perfurado entre 1911 e 1913 em maciço gnáissico de boa qualidade, para a primeira ampliação da usina hidrelétrica de Fontes Velha através da transposição das águas do rio Piraí para o reservatório do ribeirão das Lajes, no Estado do Rio de Janeiro.

O túnel de Tocos, com 8,5 km de extensão, não é pressurizado, funcionando a fio d'água, e ainda se encontra operacional e em boas condições de

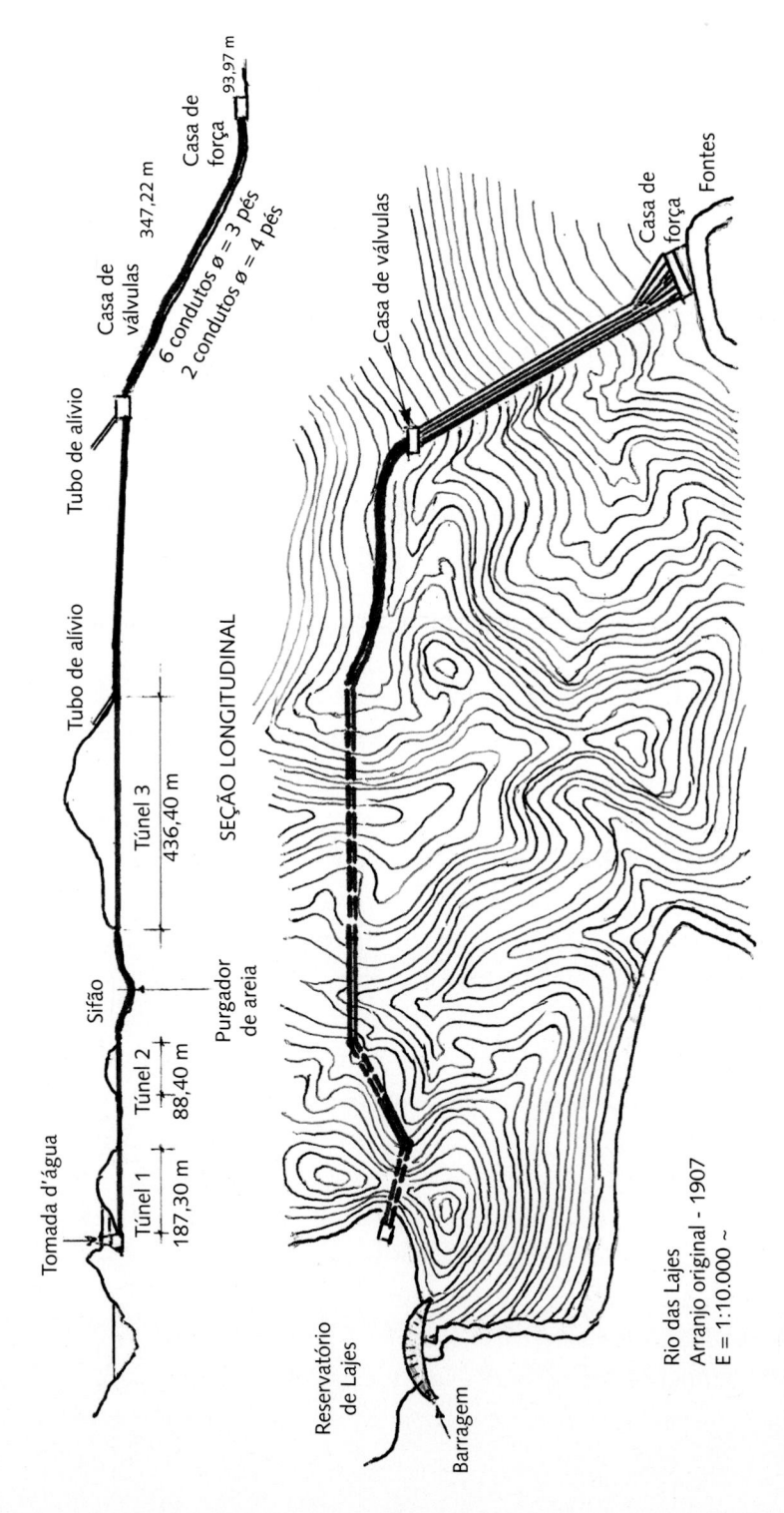

Breve histórico dos túneis hidráulicos no Brasil   69

Fig. 5.1 *Sistema original de alimentação da hidrelétrica de Fontes Velha (1907). Sequência de túneis e condutos metálicos assinalada em cinza (cópia livre de desenho original da Light)*

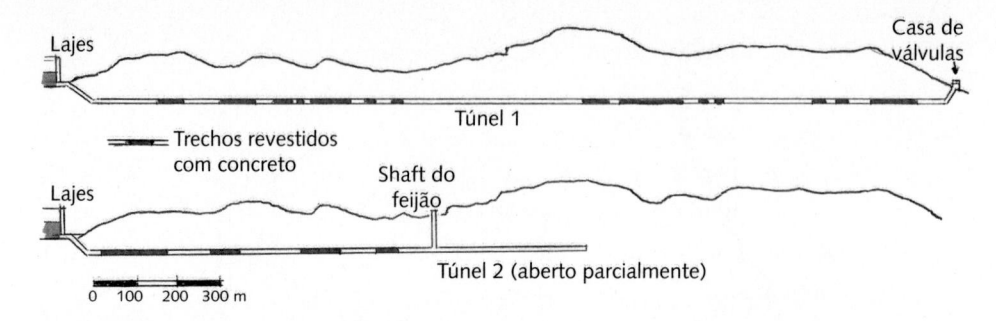

Fig. 5.2 Seção longitudinal dos túneis 1 e 2 para alimentação da usina hidrelétrica de Fontes Velha, da Light

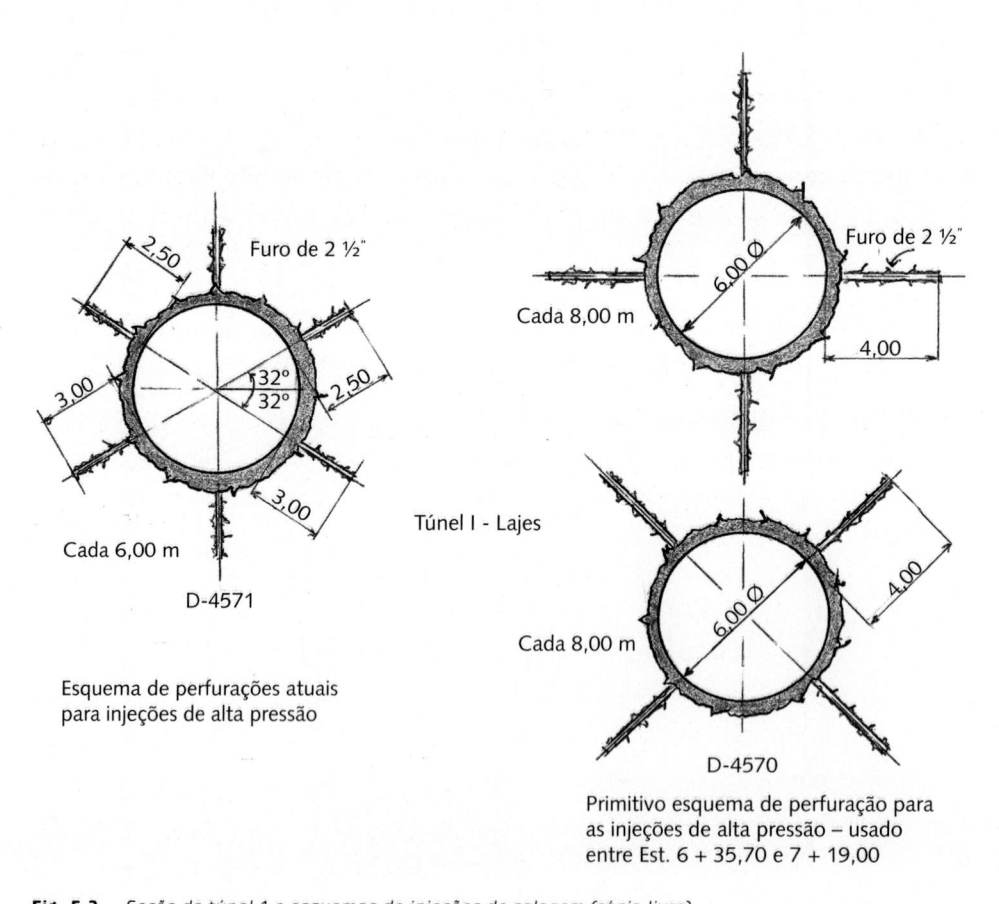

Fig. 5.3 Seção do túnel 1 e esquemas de injeções de colagem (cópia livre)

conservação, tendo sido algumas vezes inspecionado. Na época de sua construção, foi o mais longo túnel hidráulico no mundo.

A barragem de Lajes integrava e ainda integra o sistema de alimentação da UHE Fontes Nova, de concessão da Light, cujas águas têm a dupla finalidade de geração de energia elétrica e abastecimento à cidade do Rio de Janeiro e municípios vizinhos, através de um extenso sistema de adução implantado na década de 1930.

As décadas de 1940 e de 1950 presenciaram a implantação de sistemas de adução por cavidades subterrâneas em empreendimentos hidrelétricos de grande complexidade, para transporte das águas e geração de energia elétrica, tais como as usinas de Henry Borden II (SP), Nilo Peçanha I (RJ) e Paulo Afonso I (BA), além de hidrelétricas menores, como Salto Grande (MG), Graminha (SP), Euclides da Cunha (SP) e algumas outras.

No Nordeste, a primazia em túneis hidráulicos pertence ao sistema Curema-Mãe d'Água, oficialmente denominado Açude Estevam Marinho e composto por duas barragens, respectivamente nos rios Piancó e Aguiar, no Estado da Paraíba. Suas águas contribuem para o sistema de irrigação de terras na bacia do Alto Piranhas através de um canal com 30 km de extensão, seguido por um túnel de 15 km, tendo as obras sido finalizadas em 1942. O complexo foi considerado a maior obra de engenharia brasileira da época (Fig. 5.4).

Não foram encontradas informações técnicas sobre o túnel, que, por sua extensão, constitui um marco difícil de ser alcançado. Somente os túneis de Capivari-Cachoeira (PR) e do Guandu (RJ), descritos adiante, rivalizam com ele em extensão.

Já na metade do século passado houve a utilização de túneis hidráulicos para o desvio de rios de grande vazão em períodos construtivos, como em Orós (CE) e nas hidrelétricas de Peixoto (SP), Furnas (MG) e Funil (RJ), entre outras.

Ainda em Orós (CE), um túnel hidráulico com cerca de 1.600 m de extensão, acoplado a canais nas duas extremidades, coloca em comunicação esse reservatório com o da barragem Lima Campos, alimentando este último com os volumes excedentes de água do rio Jaguaribe (Fig. 5.5).

Na década de 1960 foi a vez da adutora do Guandu (RJ), destinada ao abastecimento de água à cidade do Rio de Janeiro e municípios vizinhos, com 37 km de túneis longos (Caso 3). Na mesma década construiu-se a UHE Capivari-Cachoeira (PR), com um túnel de adução de 14,5 km.

Ao final dos anos 1960 inaugurou-se a UHE Casca III (MT), cuja casa de força foi totalmente escavada em arenitos com graus de coerência diversos, com um único acesso rodoviário a partir do túnel de fuga, sendo os equipamentos eletromecânicos

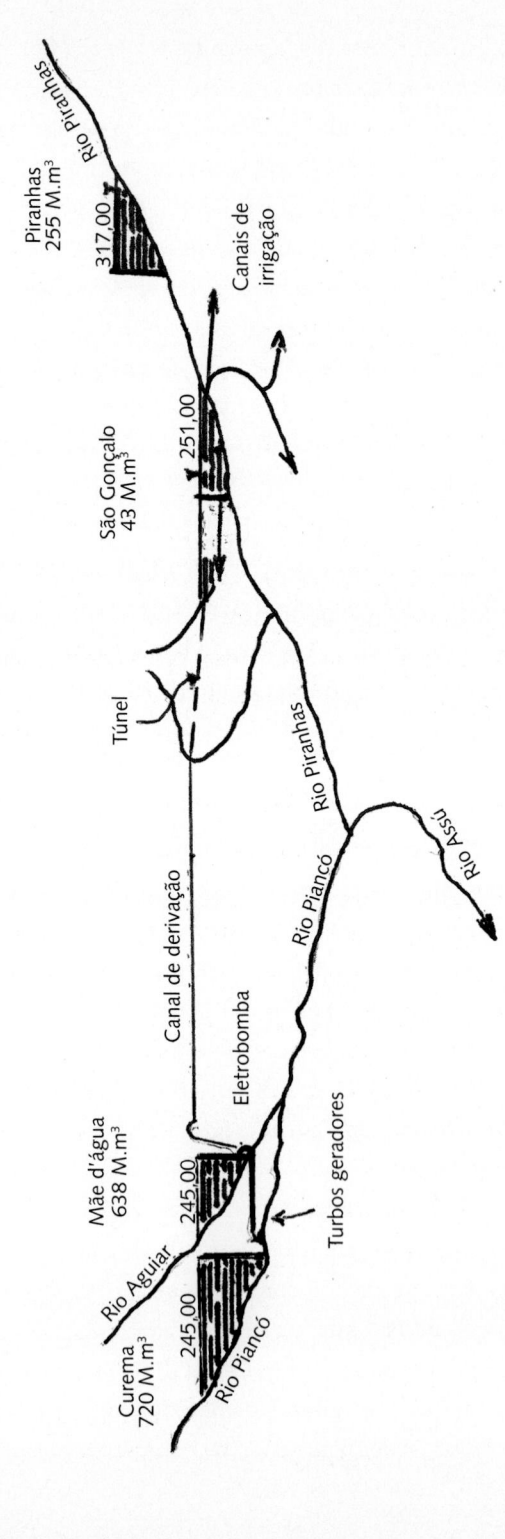

Fig. 5.4 Um canal de 30 km, seguido por um túnel de 15 km, conduz as águas do complexo Curema-Mãe d'Água para o Sistema do Alto Piranhas
Fonte: IFOCS (1939).

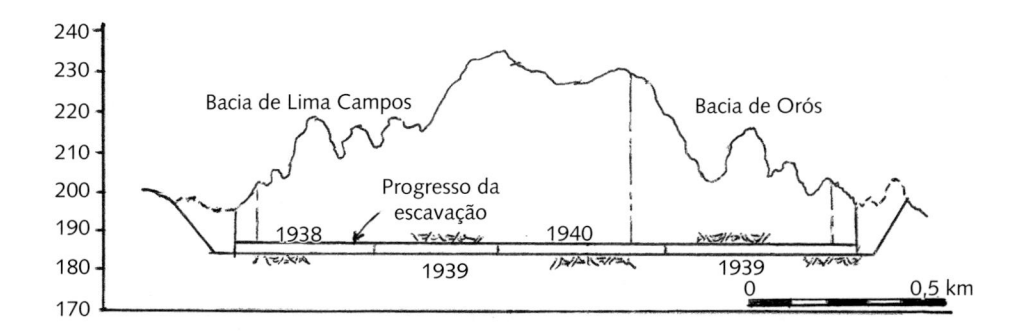

Fig. 5.5 Seção longitudinal do túnel Orós-Lima Campos
Fonte: adaptado de DNOCS (1982).

descidos através de um poço vertical (Fig. 5.6). Digno de menção é o fato de que o túnel de fuga, à medida que era escavado, passou a funcionar com um grande dreno, causando o rebaixamento generalizado do lençol freático e fazendo com que a abertura da casa de força ocorresse em condições secas.

Nas regiões Sul e Sudeste, muitas das usinas hidrelétricas de pequeno a grande porte passaram a ser construídas predominantemente em terrenos de natureza basáltica, a partir dos anos 1960, muitas delas dotadas de obras subterrâneas, para adução e desvio de rios. Um levantamento expedito realizado pelos autores identificou cerca de 40 usinas hidrelétricas de pequeno a grande porte construídas em rochas basálticas, dotadas de túneis de adução. Nesses empreendimentos, a extensão global dos túneis de adução ultrapassava os 50 km (há casos de usinas com dois ou mais túneis de adução) (Tab. 5.1).

Ainda a partir dos anos 1960, diversificou-se a utilização de túneis hidráulicos para outras atividades que não a geração de energia elétrica, surgindo inúmeras obras para diversas finalidades, como abastecimento – Sistemas Cantareira (SP) e Rio das Velhas (MG) –, derivação de bacias – Itatiaia e Jaguari (SP) –, regularização e controle de cheias – Paraitinga (SP), Paraibuna (SP) e Jaguari (SP) –, mineração, indústrias, drenagem e esgotamento urbano.

O aproveitamento de trechos de túneis de desvio como parte de descarregadores de cheias foi adotado em diversos casos, visto que representa uma alternativa de projeto interessante em termos logísticos e econômicos. Na usina hidrelétrica de Funil (RJ), o túnel de desvio, com 11 m de diâmetro, foi implantado no maciço gnáissico da ombreira direita e funcionou como tal durante todo o período construtivo. Após o fechamento do túnel, seus trechos médio e de jusante foram aproveitados como descarregador do vertedouro de superfície da

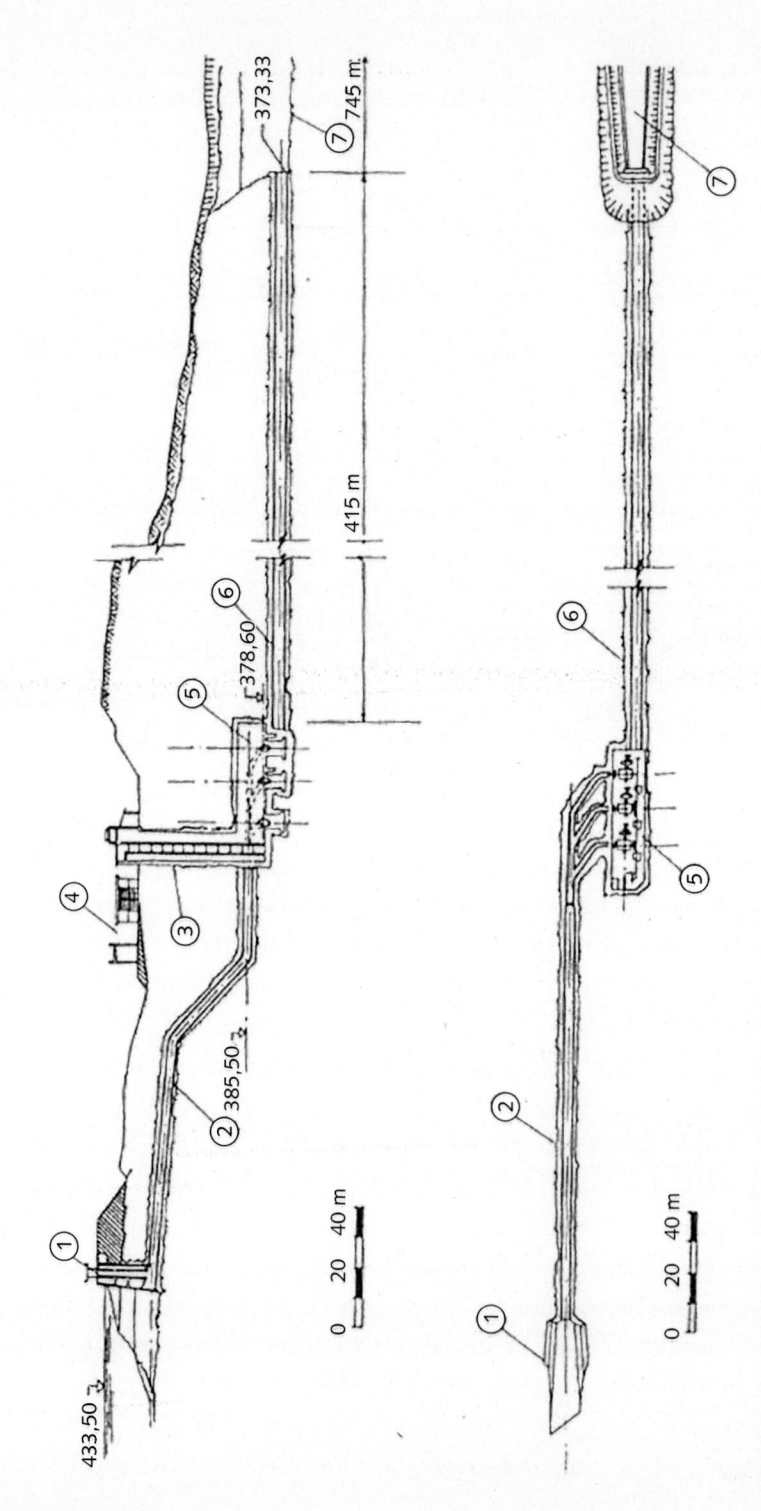

Fig. 5.6 *Sistema subterrâneo de adução e geração da UHE Casca III*
Fonte: Queiroz, Oliveira e Nazário (1967).

Tab. 5.1 Aproveitamentos hidrelétricos em basaltos dotados de adução por túnel

PCH/UHE	Rio	Queda bruta (m)	Extensão do túnel de adução (m)
Alto Irani	Irani	75	1.800
Autódromo	Carrero	42	645
Barra Grande	Pelotas	165	3 × 400
Caçador	Carrero	54,5	260
Campos Novos	Canoas	182	3 × 370
Castro Alves	Antas	92	7.100 + 3 × 188
Cotiporã	Carrero	39	800
Coxilha Rica	Pelotinhas	70	1.583
Criúva	Lajeado Grande	132	2.100
Derivação do Rio Jordão	Jordão	71,5	4.704
Ernestina	Jacuí-Mirim	33	480
Foz do Areia	Iguaçu	140	6 × 210
Foz do Chapecó	Uruguai	52	3 × 755
Furnas do Segredo	Jaguari	25	1.680
Ilha	Santa Maria	83	1.660
Itá	Uruguai	105	5 × 200
Jararaca	Prata	47	895
Machadinho	Pelotas	105	2 × 180
Marco Baldo	Turvo	26	1.200
Mauá	Tibagi	130	1.321
Monjolinho	Passo Fundo	63	2 × 190
Monte Claro	Antas	44	1.190 + 2 × 80
Nova Ponte	Araguari/Paranaíba	119	3 × 300
Ouro	Marmeleiro	105	812
Pai Querê	Pelotas	149	3 × 190 (aprox.)
Palanquinho	Lajeado Grande	105	3.090
Passo do Meio	das Antas	36,5	1.260
Passo Fundo	Passo Fundo/Erechim	263	5.740
Pira	do Peixe	15	485
Plano Alto	Irani	64	250
Quebra-Queixo	Chapecó	122	337
14 de Julho	Antas	32	2 × 215
Salto das Flores	das Flores	96	2.355
Santa Laura	Chapecozinho	31	800
Santo Cristo	Pelotinhas	48	890
Vitorino	Vitorino	34	390
Chavantes	Paranapanema	75	2 × 500 (aprox.)

margem direita, e um túnel inclinado foi escavado para conectar a ogiva do vertedouro ao túnel de desvio. O plugue do túnel de desvio foi posicionado em posição abaixo do vertedouro, estendendo-se até a conexão do túnel inclinado com o túnel de desvio. Nesse ponto, a superfície jusante do plugue tem forma hidráulica de soleira aceleradora e tangente ao piso do túnel. Nesses casos em que o túnel de desvio é horizontal ou sub-horizontal, deve ser verificada a formação de ressalto hidráulico no interior do túnel para toda a gama de vazões do vertedouro de superfície.

No caso do Funil, verificou-se que, para larga faixa de descargas, o ressalto se processava no interior do túnel e o escoamento no regime subcrítico impactava o teto de rocha gnáissica do túnel, que não resistiria aos sucessivos impactos. Por causa desse problema hidráulico e geológico, foi efetuado um detalhado estudo em modelo hidráulico reduzido, que concluiu por definir um aumento da velocidade de escoamento no interior do túnel por acréscimo de declividade do seu fundo, conseguido com a construção de suave rampa de concreto a partir do plugue até a bacia de dissipação situada a jusante do túnel. Por esse motivo e pelo fato de o vertedouro da margem esquerda ser de maior capacidade e descarregar as vazões vertidas bem mais a jusante do canal de fuga da usina, o vertedouro da margem direita passou a atuar como descarregador de emergência.

Solução similar foi adotada no caso da usina hidrelétrica de Chavantes, no rio Paranapanema (SP/PR), onde os dois túneis de desvio foram convertidos em túneis de adução, inserindo-se um plugue de concreto em cada túnel, em correspondência ao posicionamento da tomada d'água, conectada aos túneis por poços verticais em rocha basáltica (Fig. 5.7).

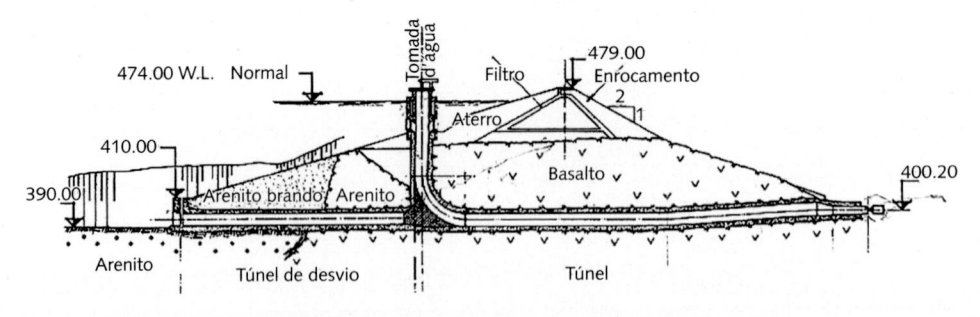

Fig. 5.7 *Túneis de desvio convertidos em túneis de adução na UHE Chavantes*
Fonte: CBGB (1982).

ACIDENTES E INCIDENTES EM TÚNEIS HIDRÁULICOS NO BRASIL

É extenso o número de acidentes e incidentes registrados no Brasil na etapa construtiva de túneis destinados às mais variadas finalidades (rodoferroviárias, metroviárias, hidráulicas, minerárias, entre outras). O registro desses eventos é, entretanto, escasso e em muitos casos pobremente documentado. Na maioria das vezes, encontram-se simples citações na literatura técnica especializada. Em poucos casos, as ocorrências têm sido objeto de avaliação técnica mais aprofundada.

No âmbito do presente trabalho, que trata de casos ocorridos em túneis hidráulicos pressurizados ou não, procurou-se limitar o registro a eventos relacionados às etapas de enchimento e/ou operação. As circunstâncias, no entanto, fizeram com que alguns casos que ocorreram na fase construtiva viessem a ser considerados, devido a sua relevância em termos técnicos.

O primeiro acidente em obras hidráulicas subterrâneas no Brasil de que se tem notícia ocorreu na fase final de construção da UHE Nilo Peçanha I (RJ), em 1956, quando a blindagem do túnel de adução sofreu empenamento por excesso de pressão externa durante a execução das injeções de colagem entre o conduto e o maciço envolvente (Caso 6).

Poucos anos mais tarde, no início da década de 1960, foi a vez do acidente no túnel de adução da UHE Macabu (RJ), ocorrido na etapa final de pressurização, quando o rompimento da seção do túnel ocasionou seu consequente esvaziamento, com a formação de uma corrida de detritos que atingiu a casa de força, danificando-a (Caso 5).

Já em meados da década de 1960 um grave acidente, que poderia ter acarretado drásticas consequências, ocorreu nos dois túneis de desvio da hidrelétrica de Furnas (MG), ao final da etapa construtiva, e será objeto de relato mais adiante (Caso 2).

O Quadro 6.1 apresenta uma compilação dos referidos casos, que são descritos em seguida, com detalhamento variável, em função da disponibilidade de informações confiáveis.

Quadro 6.1 Acidentes e incidentes em túneis hidráulicos no Brasil

Caso	Identidade/ localização	Data do evento	Etapa da obra	Estrutura afetada	Fontes
1	Campos Novos (SC)	20/10/2005 18/6/2006	Enchimento	Túneis de desvio	Xavier e Correa (2008) Xavier (2009) Cruz, Materón e Freitas (2014) Mello (2016)
2	Furnas (MG)	Diversos eventos. 5/4/1965	Enchimento	Túneis de desvio	Lyra (1967) Lyra e MacGregor (1967) Icold (1974) (Furnas) Mello (1985) CBGB (1986) Mello (2009)
3	Guandu (RJ)	Diversos eventos	Operação	Túnel de alimentação	Santa Ritta (2009) CBT e ABMS (2006)
4	Itapebi (BA)	1º/7/2001	Construção	Túnel de desvio	Resende et al. (2003) Nieble (2006) Nieble (2008)
5	Macabu (RJ)	4/2/1961	Enchimento	Túnel de adução	CELF (1972) CMEB (1993) Seinpe (2006)
6	Nilo Peçanha (RJ)	1954	Final de construção	Túnel de adução	Vaughan H. G. Acres Ltd. (1971) Epri (1987)
7	Sá Carvalho (MG)	Março de 1997	Operação	Túnel de adução	Brito (1998) Coppedê Jr., Virgili e Ojima (2009)
8	São Tadeu I (MT)	11/11/2009	Enchimento	Túnel de adução	Aneel (2010) Kanji (2017)

Quadro 6.1 (continuação)

9	Caso 9	Não informada	Final de construção/ esvaziamentos	Túnel de adução/ conduto blindado	Acervo dos autores
10	Caso 10	Não informada	Final de construção	Túnel de adução/ conduto blindado	Acervo dos autores
11	Caso 11	Não informada	Enchimento	Túnel de adução/casa de força	Acervo dos autores

A relação de acidentes e incidentes abrange três casos propositadamente não identificados, que os autores incluíram pela singularidade dos eventos ocorridos. A não identificação se deve à ausência de autorização dos proprietários, à época dos eventos (as três usinas foram repassadas para outros proprietários), para a divulgação dos acontecimentos e de suas consequências. Os relatos dos três casos, entretanto, contêm elementos suficientes para caracterizar as circunstâncias em que ocorreram e possuem caráter premonitório, no sentido de alertar para as condições peculiares em que os eventos foram desencadeados.

Os casos relatados fornecem elementos suficientes para que se opine a respeito das circunstâncias em que os acidentes/incidentes ocorreram. O Quadro 6.2 expõe de forma sumarizada as prováveis causas.

Quadro 6.2 Causas dos acidentes

Caso	Identidade/ localização	Prováveis causas dos acidentes/incidentes
1	Campos Novos (SC)	Ocorreu ruptura do concreto de segundo estágio do apoio para a comporta vagão do túnel de desvio 2. Considera-se que as dimensões das estruturas situavam o projeto nos limites do "já executado", adentrando no campo do "não ainda experimentado".
2	Furnas (MG)	O acúmulo de gases explosivos entre as comportas dos túneis de desvio e os plugues primários culminou em explosões que danificaram o selo das comportas e causaram a ruptura da chaminé de ventilação. Iniciado o vazamento, a cavitação e a passagem de pedras produziram o restante da avaria encontrada.
3	Guandu (RJ)	As diversas rupturas constatadas ao longo do túnel nos Lotes 2 e 7 foram associadas à presença de argilas expansivas em diques e zonas intemperizadas do maciço rochoso, que teriam causado o colapso da seção.

Quadro 6.2 (continuação)

4	Itapebi (BA)	As causas do acidente foram atribuídas à condição de resistência residual associada às camadas de biotita-xisto/ anfibolito intemperizadas. Essa condição somente se tornou evidente na etapa construtiva da obra.
5	Macabu (RJ)	O acidente no túnel foi provocado por falha construtiva, que consistiu em dotar o revestimento, no trecho colapsado, de elementos resistentes inferiores aos que haviam sido definidos pelo projeto como necessários. Defeitos construtivos, na forma de juntas frias de concretagem, contribuíram para o ocorrido.
6	Nilo Peçanha (RJ)	O incidente ocorreu durante as injeções de colagem revestimento/rocha. Consta que as pressões de injeção foram relativamente baixas, o que não explicaria o ocorrido. Outros fatores circunstanciais podem ter contribuído, como um descontrole momentâneo da própria pressão de injeção, causando a flambagem da seção.
7	Sá Carvalho (MG)	O conduto de alta pressão havia sido revestido apenas por concreto, em toda a sua extensão inclinada e em parte do trecho horizontal. A ruptura do conduto ocorreu devido à falta de confinamento do maciço, em virtude de seu estado de relaxação, pela presença de grande número de fendas verticais e, ainda, agravado por defeitos construtivos no próprio concreto. O revestimento de concreto não resistiu sozinho às pressões internas.
8	São Tadeu I (MT)	O acidente ocorreu quando a pressão interna no túnel ultrapassou a pressão de confinamento do terreno, isto é, a resistência do maciço rochoso circundante, nas imediações do desemboque. Atribuiu-se o ocorrido ao comprimento insuficiente da blindagem no interior do túnel, a partir de seu desemboque.
9	Caso 9	Ocorreram diversos incidentes. No primeiro, uma súbita elevação do nível d'água no pequeno reservatório galgou a ensecadeira da tomada d'água, dias antes da descida da comporta, causando vários danos. No segundo, durante inspeção no túnel após esvaziamento, constatou-se a formação de capelas na abóbada, causadas por deficiências na distribuição de chumbadores.
10	Caso 10	Na etapa final de construção, o acidente ocorreu devido a problemas no comando de longa distância, quando a comporta da tomada d'água foi inesperadamente aberta por controle remoto, causando a invasão do túnel de adução pelas águas do reservatório, o que acarretou uma sequela de danos materiais.

Quadro 6.2 (continuação)

11	Caso 11	Durante a pressurização do túnel de adução, constataram-se deformações ao longo da parede montante da casa de força. Atribuiu-se o ocorrido à não aplicação das formas de tratamento indicadas no projeto para uma camada permeável de brecha basáltica que aflorava nas paredes do túnel. As deformações foram consequência do empuxo exercido pelo fluxo d'água que atingiu a referida parede, a partir do vazamento no túnel.

Tem-se, também, notícia de acidentes e incidentes que ocorreram em outros empreendimentos, mas deles somente se dispõe de informações fragmentárias, insuficientes para que sejam documentados, mesmo de maneira sumária.

Raras vezes tais eventos são trazidos a público. Na UHE Queimado (MG), por exemplo, tem-se notícia de uma ruptura ocorrida na parede do túnel de desvio durante seu funcionamento, com a formação de uma cavidade de grandes dimensões (Fig. 6.1). O caso, entretanto, carece de informações que revelem as condições que levaram à situação de ruptura.

Em pelo menos um caso de PCH, a controvérsia entre proprietário e construtor a respeito da atribuição de responsabilidade pelo acidente ocorrido no túnel de adução se arrasta há anos e é objeto de arbitragem, o que impõe silêncio, visto que qualquer citação poderia ser impugnada pelas partes envolvidas.

Na primeira década do século atual registraram-se três acidentes de vulto, sendo um na etapa construtiva (UHE Itapebi, BA) e dois com as obras já terminadas e com o enchimento do reservatório em andamento (UHE Campos Novos, SC) ou finalizado (PCH São Tadeu I, MT). Esses três casos se prestam a uma análise mais aprofundada, pela disponibilidade de informações, e são objeto de relatos detalhados logo a seguir.

Fig. 6.1 *Desmoronamento no túnel de desvio da UHE Queimado, com formação de cavidade de grandes dimensões*
Fonte: Assis (apud Seidenfuss, 2006).

7 CONSIDERAÇÕES FINAIS

Apesar de modesto, o número de casos de acidentes e incidentes registrados em túneis hidráulicos no Brasil e dos quais tenha sido possível obter informações oferece a constatação de que, em sua maioria, os eventos aconteceram nas etapas de final de construção e/ou enchimento e pressurização do túnel, tendo isso sido verificado em sete dos 11 casos avaliados. Em apenas dois casos o registro ocorreu na fase operacional.

A análise desses casos indica que a origem de acidentes e incidentes está intimamente associada à interação da água com o meio confinante, quando os pontos de fraqueza ou inadequação são colocados em evidência e acabam evoluindo para a concretização de situações críticas. O momento do enchimento do túnel é o momento revelador, em que se comprova a validade dos atributos de que o projeto foi dotado.

Em parte relevante dos casos, as situações críticas decorrem do escasso conhecimento alcançado nas fases de projeto, quando os modelos geológico-estruturais adotados se ressentem da carência de informações adequadas, consequência de campanhas de investigações limitadas em quantidade e qualidade, geralmente restritas à definição do perfil de intemperismo em emboques e desemboques, sem maior aprofundamento a respeito das características do maciço rochoso no restante do traçado. Contribuem para tanto as dificuldades logísticas comumente encontradas ao longo do alinhamento dos túneis, determinadas pelas condicionantes topográficas.

Casos há em que, apesar de o projeto ter sido alimentado com modelos geológico-estruturais adequados, mesmo com informações restritas, decisões equivocadas foram tomadas na fase construtiva, durante a abertura e o mapeamento do espaço subterrâneo, na aplicação (ou não) das formas de tratamento.

As regras empíricas que ainda são referência quanto à definição da extensão da blindagem em túneis pressurizados, em vigor há mais de 80 anos, continuam válidas como balizadores em etapas iniciais de projeto e somente poderão deixar de ser consideradas se forem obtidas informações confiáveis a respeito dos níveis de tensões in situ ao longo do traçado dos túneis, em particular nas vizinhanças do desemboque, onde as pressões internas atingem os valores mais altos. Para tanto, pode-se empregar técnicas de ensaios específicos, como os testes de hidrofraturamento realizados em furos de sondagem, em trechos predeterminados de interesse.

Acidentes e incidentes em túneis hidráulicos pontuam o histórico de construção de empreendimentos em obras subterrâneas, e o entendimento de suas causas contribui para posicionar o meio técnico em relação a determinadas soluções de projeto ou métodos construtivos.

O acidente nos dois túneis de desvio da UHE Furnas, empreendimento de destaque internacional na engenharia de obras hidráulicas, ocasionado por gases gerados pela decomposição de matéria orgânica na área do reservatório, embora já tivesse ocorrido no exterior (raramente e em escala muito menor), serviu para divulgar internacionalmente o perigo de ocorrência de perdas humanas por carência de oxigênio em obras subterrâneas e de explosões capazes de danificar estruturas e equipamentos. Apesar de, surpreendentemente, o impactante acidente nos túneis de desvio de Furnas não ter comprometido o cronograma de construção da usina, a longa e complicada obra de recuperação e tamponamento dos túneis influenciou alguns engenheiros da obra, que passaram a tentar evitar escavações subterrâneas em futuros projetos. Como exemplo, pode-se citar a eliminação da alternativa de barramento do rio Jequitinhonha no sítio de Salto da Divisa (MG/BA) decorrente desse posicionamento.

No difícil tratamento do acidente no túnel de desvio da UHE Campos Novos, por exemplo, com base na experiência propiciada pelo acidente nos túneis de desvio da UHE Furnas, todo cuidado foi tomado quanto à possível presença de gases. Esse acidente deixou como lição a adoção de estruturas civis e mecânicas mais conservadoras em empreendimentos com obras hidráulicas subterrâneas de grandes dimensões e sujeitas a tensões e velocidades de fluxo muito elevadas.

Os bem-sucedidos empreendimentos subterrâneos das usinas hidrelétricas Henry Borden (SP) e Nilo Peçanha (RJ), com a orientação de Karl Terzaghi (perante a instabilidade das encostas da Serra do Mar), na passagem dos anos 1940 para os anos

1950, dotados de longas aduções, elevadas alturas de queda e casas de força subterrâneas de apreciáveis dimensões, apesar das deficiências de métodos e processos construtivos característicos da época e do caráter então remoto dos locais das obras, consolidaram as usinas subterrâneas e seus componentes anexos como adequada solução alternativa de projeto.

Prova disso foi a implantação da UHE Paulo Afonso I (BA), bem como as sucessivas ampliações do sistema com as UHEs Paulo Afonso II, III e IV, além de diversos outros aproveitamentos hidrelétricos, desde a UHE Capivari-Cachoeira (PR), em rocha gnáissica, até as grandes obras de desvio de rio, adução e casa de força subterrânea mais recentes da UHE Serra da Mesa (GO), implantada em maciço granítico de excelente qualidade.

Nesse intervalo de tempo muitos outros projetos hidrelétricos tiveram sucesso na adoção de obras hidráulicas subterrâneas, como as usinas construídas em rocha basáltica relacionadas na Tab. 5.1.

Os autores esperam que o registro das circunstâncias em que ocorreram os acidentes e os incidentes descritos neste livro possa servir de alerta em futuros empreendimentos, para que os erros identificados e apontados não venham a se repetir.

REFERÊNCIAS BIBLIOGRÁFICAS

ABGE – ASSOCIAÇÃO BRASILEIRA DE GEOLOGIA DE ENGENHARIA E AMBIENTAL. *Geologia de Engenharia e Ambiental*: métodos e técnicas. Editores: A. M. S. Oliveira e J. J. Monticelli. São Paulo, 2018. v. 2, 479 p.

AMBERG, F.; VIETTI, D. *Rock-Mass Hydrojacking Risk Related to Pressurized Water Tunnels*: Hydropower Potential and Development Opportunities. 2016. 10 p. Disponível em: https://www.lombardi.ch/it-it/SiteAssets/Publications/2106/Pubb-0589-L-Rock-mass%20hydrojacking%20risk%20related%20to%20pressurized%20water%20tunnels.pdf. Acesso em: 22 dez. 2020.

ANEEL – AGÊNCIA NACIONAL DE ENERGIA ELÉTRICA. *Processo n° 48500.000190/2003-95*. Interessado: São Tadeu Energética Ltda. Assunto: Acompanhamento de implantação da PCH São Tadeu I. 2010. 141 p. Disponível em: http://www.consultaesic.cgu.gov.br/busca/dados/Lists/Pedido/Attachments/407460/RESPOSTA_PEDIDO_48500%200190%202003.pdf. Acesso em: 2 maio 2019.

ASTM INTERNATIONAL. *D4645-08: Standard Method of Determination of In Situ Stress in Rock Using Hydraulic Fracturing Method*. 2008. 7 p.

BARROS, F. P. Considerações sobre as injeções nos túneis adutores de Xavantes. In: SEMANA PAULISTA DE GEOLOGIA APLICADA, 1., São Paulo. *Anais...* São Paulo: APGA, 1969. v. II, tema 3. 17 p.

BARTON, N.; LIEN, R.; LUNDE, J. Engineering Classification of Rock Masses for the Design of Tunnel Support. *Rock Mechanics*, v. 6, n. 4, p. 89-236, 1974.

BATTISTON, C. C. *Influência de parâmetros físicos no dimensionamento de chaminés de equilíbrio simples de usinas hidrelétricas*. 136 f. Dissertação (Mestrado)

– Instituto de Pesquisas Hidráulicas, Universidade Federal do Rio Grande do Sul, Porto Alegre, 2005.

BENSON, R. P. *Design of Unlined and Lined Pressure Tunnels.* Canadian Tunneling, 1988. p. 37-65.

BERG-CHRISTENSEN, J.; DANNEVIG, N. T. *Engineering Geological Considerations Concerning the Unlined Pressure Shaft of the Mauranger Power Project.* Oslo: Geoteam A/S, 1971.

BIENIAWSKI, Z. T. *Engineering Rock Mass Classification.* New York: John Wiley, 1989. 248 p.

BLIND, H.; SCHWARZ, J. Limits for Pressure Tunnels without Steel Linings. *Water Power & Dam Construction*, v. 39, n. 7, p. 51-54, July 1987.

BRITO, S. N. A. Imprevistos geológicos em túneis de empreitada por preço global ("turn-key"). In: SIMPÓSIO BRASILEIRO SOBRE PEQUENAS E MÉDIAS CENTRAIS HIDRELÉTRICAS, CBGB, 1., 1998, Poços de Caldas. p. 339-345.

BROCH, E. The Development of Unlined Pressure Shafts and Tunnels in Norway. In: INTERNATIONAL SYMPOSIUM ON ROCK MECHANICS, CAVERNS AND PRESSURE SHAFTS, 1982, Aachen. *Proceedings...* p. 545-554.

BROCH, E. Unlined High Pressure Tunnels in Areas of Complex Topography. *Water Power & Dam Construction*, v. 36, n. 11, p. 21-23, 1984.

CARVALHO, N. S. Desenvolvimento de uma metodologia de classificação de maciço rochoso gnáissico granítico aplicável a túneis na cidade do Rio de Janeiro. In: CONGRESSO BRASILEIRO DE TÚNEIS E OBRAS SUBTERRÂNEAS, 3.; SEMINÁRIO INTERNACIONAL SOUTH AMERICAN TUNNELLING – SAT' 2012. São Paulo: Comitê Brasileiro de Túneis; Associação Brasileira de Mecânica dos Solos e Engenharia Geotécnica, 2012. 7 p.

CARVALHO, N. S. *Os condicionantes geológico-geotécnicos na ocupação do espaço subterrâneo no município do Rio de Janeiro.* 137 f. Dissertação (Mestrado) – Universidade Federal do Rio de Janeiro, 1998.

CARVALHO, N. S. Procedimentos recomendados para o enchimento, esvaziamento e inspeção dos túneis das PCHs Ponte, Granada e Cachoeira Coberta. In: CONGRESSO BRASILEIRO DE TÚNEIS E OBRAS SUBTERRÂNEAS, 1. São Paulo: Comitê Brasileiro de Túneis; Associação Brasileira de Mecânica dos Solos e Engenharia Geotécnica, 2004. 6 p.

CARVALHO, N. S.; BITTENCOURT, M. Critérios básicos para dimensionamento de sistemas de injeção e drenagem nos trechos de transição e blindagem de túneis de adução: o caso das PCH's Ponte, Granada e Cachoeira Encoberta. In: SIMPÓSIO BRASILEIRO SOBRE PEQUENAS E MÉDIAS CENTRAIS HIDRELÉTRICAS, CBDB, 4., 2004, Porto de Galinhas, PE. T.14. 7 p.

CBDB – COMITÊ BRASILEIRO DE BARRAGENS. *Diversion of Large Brazilian Rivers*. Editor: C. Piasentin. Rio de Janeiro, 2009. 187 p.

CBGB – COMITÊ BRASILEIRO DE GRANDES BARRAGENS. *Cadastro brasileiro de deterioração de barragens e reservatórios*. Rio de Janeiro, 1986. 198 p.

CBGB – COMITÊ BRASILEIRO DE GRANDES BARRAGENS. *Main Brazilian Dams*. Rio de Janeiro, 1982. p. 481.

CBT – COMITÊ BRASILEIRO DE TÚNEIS; ABMS – ASSOCIAÇÃO BRASILEIRA DE MECÂNICA DOS SOLOS E ENGENHARIA GEOTÉCNICA. *Túneis do Brasil*. São Paulo: DBA, 2006. 327 p.

CEDAE – COMPANHIA ESTADUAL DE ÁGUAS E ESGOTOS DO RIO DE JANEIRO. *Guandu – Guinness World Record*. 2005. 16 p.

CEDAE – COMPANHIA ESTADUAL DE ÁGUAS E ESGOTOS DO RIO DE JANEIRO. *Sistemas de abastecimento de águas da cidade do Rio de janeiro, com ênfase no Guandu*. [s.d.]. 51 p.

CELF – CENTRAIS ELÉTRICAS FLUMINENSES S.A. *A história da construção da Central Hidrelétrica de Macabu*. Relatório interno. Relator: João Baptista Gonçalves Henriques. jun. 1972. 2 v.

CMEB – CENTRO DA MEMÓRIA DA ELETRICIDADE NO BRASIL. *A CERJ e a história da energia elétrica no Rio de Janeiro*. Rio de Janeiro, 1993. 368 p. Macabu: p. 154-159.

COPPEDÊ Jr., A.; VIRGILI, J. C.; OJIMA, L. M. O reparo do sistema de túneis da UHE de Sá Carvalho – Acesita, Timóteo, MG. In: SANTOS, A. R. *Geologia de Engenharia*: conceitos, método e prática. ABGE, 2009. p. 81-84.

CRUZ, P. T.; MATERÓN, B.; FREITAS, M. *Barragens de enrocamento com face de concreto*. 2. ed. São Paulo: Oficina de Textos, 2014. Campos Novos: p. 72-75.

DANN, H. E.; HARTWIG, W. P.; HUNTER, J. R. Unlined Tunnels of the Snowy Mountains Hydro-Electric Authority, Australia. *Journal of the Power Division*, ASCE, v. 90, n. 3, p. 47-79, 1964.

DEERE, D. U. Unique Geotechnical Problems at Some Hydroelectric Projects. In: PAN AM. SOIL MECHANICS CONFERENCE, 7., 1983, Vancouver, Canada. *Annals*... p. 865-888.

DNOCS – DEPARTAMENTO NACIONAL DE OBRAS CONTRA AS SECAS. *Barragens no Nordeste do Brasil*. Coordenador: J. A. A. Araujo. Fortaleza, 1982. 160 p.

EPRI – ELECTRIC POWER RESEARCH INSTITUTE. *Design Guidelines for Pressure Tunnels and Shafts*. Research Project 1745-17. Final report. Berkeley, USA, 1987.

GONZÁLES, V. T. *Comportamento de túneis em função de sistemas de suporte e impermeabilização*. 90 f. Dissertação (Mestrado) – Universidade de Brasília, Brasília, 2012.

GRIMSTAD, E.; BARTON, N. Updating of the Q-System for NMT. In: INTERNATIONAL SYMPOSIUM ON SPRAYED CONCRETE, Oct. 1993, Fagernes. Proceedings... p. 46-66.

H. G. ACRES LTD. *Nilo Peçanha Pressure Shaft*: Dewatering Operation – Drilling Results and Recommendation. Aug. 1971.

HOEK, E. Strength of Jointed Rock Masses. 23rd Rankine Lecture. *Géotechnique*, v. 33, p. 187-223, 1983.

HOULIARA, S.; KARAMANOS, S. A. *Buckling and Post-Buckling of Elastic Isotropic and Anisotropic Tubes*. University of Thessaly, [s.d.]. Disponível em: http://www.mie.uth.gr/labs/mex-lab/current1.html. Acesso em: 5 jan. 2021.

ICOLD – INTERNATIONAL COMMISSION ON LARGE DAMS. *Deteriorations of Dams and Reservoirs, Including Failures*. Final report of the Committee on Deterioration of Dams and Reservoirs of the International Commission on Large Dams. Lisboa, 1981.

ICOLD – INTERNATIONAL COMMISSION ON LARGE DAMS. *Lessons from Dam Incidents*: Furnas Dam. 1974. p. 955.

IFOCS – INSPETORIA FEDERAL DE OBRAS CONTRA AS SECAS. *Boletim*, v. 12, n. 2, out./dez. 1939. Curema-Mãe d'Água: p. 82-87.

KANESHIRO, J.; KORBIN, G. Pressure Tunnel Design. In: ANNUAL BREAKTHROUGHS IN TUNNELING SHORT COURSE, 9., 2016, Boulder, CO. 70 slides.

KANJI, M. A. Avaliação de sinistros e do risco em obras geotécnicas: conceitos e alguns exemplos. In: GEOSUL, 2012, Porto Alegre, RS. 9 p.

KANJI, M. A. Experiences with Hydro-Jacking Tests for the State of Stress Determination in Jointed Rock Masses. In: SOUTH AMERICAN CONGRESS ON ROCK MECHANICS, 5., 1998, Santos, SP. Proceedings... v. I, p. 99-105.

KANJI, M. A. In Situ Stress Determination by Hydro Jacking Tests on Fractures Rock Mass. In: INTERNATIONAL CONGRESS ON ROCK MECHANICS AND ROCK ENGINEERING, 12., Oct. 2011, Beijing, China.

KANJI, M. A. *Obras em rocha*: influência da Geologia. PEF 2507 (USP). São Paulo, 2017. 126 p.

LAMAS, L. M. N. *Contributions to Understanding the Development of Water Power Pressure Tunnels*. 394 p. Thesis (Ph.D.) – University of London, 1993.

LYRA, F. H. Furnas: aproveitamento hidrelétrico e acidentes nos túneis de desvio – II Jornadas Luso-Brasileiras de Engenharia Civil. *Revista Brasileira de Energia Elétrica*, separata, n. 15, ago. 1967. 18 p.

LYRA, F. H.; MacGREGOR, W. Furnas Hydro-Electric Scheme, Brazil: Closure of Diversion Tunnels. *Annals of The Institution of Civil Engineers*, London, v. 36, p. 20-46, Jan. 1967.

LYRA, F. H.; QUEIROZ, L. A. The Furnas Rockfill Dam. In: INTERNATIONAL CONGRESS ON LARGE DAMS, ICOLD, 8., 1964, Edinburgh. v. 3, p. 679-698.

MARQUES FILHO, P. L.; DUARTE, J. M. G. Critérios para revestimento e comprimentos de blindagem de túneis forçados. In: CONGRESSO BRASILEIRO DE TÚNEIS E OBRAS SUBTERRÂNEAS, 1. São Paulo: Comitê Brasileiro de Túneis; Associação Brasileira de Mecânica dos Solos e Engenharia Geotécnica, 2004. 9 p.

MELLO, F. M. Accidents in the Furnas Diversion Tunnels. In: CBDB – COMITÊ BRASILEIRO DE BARRAGENS. *Diversion of Large Brazilian Rivers.* Rio de Janeiro, 2009. p. 65-70.

MELLO, F. M. Recuperação de barragens e reservatórios: aspectos físicos e ambientais. In: SEMINÁRIO NACIONAL DE GRANDES BARRAGENS, CBGB, 16., nov. 1985, Belo Horizonte, MG. v. II, tema II, p. 153-223.

MELLO, F. M. Tipos de acidentes e incidentes em barragens. In: ENCONTRO TÉCNICO SOBRE INCIDENTES E ACIDENTES EM BARRAGENS – LIÇÕES APRENDIDAS, DNPM, 1., set. 2016, Salvador, BA. 118 p.

MERRITT, A. H. Geologic and Geotechnical Considerations for Pressure Tunnel Design. In: NATIONAL CONFERENCE, 3. *Proceedings...* University of Illinois, USA, 1999. p. 66-81. (ASCE Special Publication, n. 90).

MOTA, I. M. *Análise dos critérios de projeto e comportamento de túneis sob pressão.* 238 f. Dissertação (Mestrado) – Departamento de Engenharia Civil e Ambiental, Universidade de Brasília, Brasília, 2009. Publicação G.DM-179/09.

NGI – NORWEGIAN GEOTECHNICAL INSTITUTE. *Synopsis of Unlined Tunnels and Shafts with Water Pressure Head Greater than 100 m with Several Tunnels and Shafts at Lower Pressures.* Internal Report. 1972.

NIEBLE, C. M. Causas dos acidentes devidos às condições geológicas: por uma volta ao passado. In: CONGRESSO BRASILEIRO DA ABGE, 12., 2003. Mesa-redonda 1: acidentes em obras. 22 p.

NIEBLE, C. M. Riscos geológico-geotécnicos na construção de hidrelétricas: os casos de Camará, Itapebi, e usinas do Sul do Brasil. In: SIMPÓSIO DE PRÁTICA DE ENGENHARIA GEOTÉCNICA DA REGIÃO SUL, 5., 2006, Porto Alegre. p. 111-115.

QUEIROZ, L. A.; OLIVEIRA, H. G.; NAZÁRIO, F. A. S. Foundation Treatment of Rio-Casca-III Dam. In: INTERNATIONAL CONGRESS ON LARGE DAMS, ICOLD, 9., 1967, Istanbul. Annals... Paris: ICOLD, 1967. v. 1, p. 321-333.

RANCOURT, A. J. *Guidelines for Preliminary Design of Unlined Pressure Tunnels.* 286 p. Thesis (Ph.D.) – McGill University, 2010.

RESENDE, F. D.; ALBERTONI, S. C.; MORAES, R. B.; PEREIRA, R. F. UHE Itapebi: tratamentos especiais das fundações. In: SEMINÁRIO NACIONAL DE GRANDES BARRAGENS, CBDB, 25., 2003, Salvador. Tema 92 – A33. 18 p.

RIBEIRO E SOUSA, L. Learning with Accidents and Damage Associated to Underground Works. In: CAMPOS E MATOS, A.; RIBEIRO E SOUSA, L.; KLEBERGER, J.; PINTO, P. L. (Ed.). *Geotechnical Risk in Rock Tunnels*. Taylor & Francis, 2006. p. 7-39.

SANTA RITTA, J. A *água do Rio*: do Carioca ao Guandu – a história do abastecimento de água da cidade do Rio de Janeiro. Synergia, 2009. 346 p.

SEIDENFUSS, T. *Collapses in Tunnelling*. 194 p. Thesis (M.Sc.) – SUAS/Stuttgart, Germany; EPFL/Lausanne, Swiss, 2006.

SEINPE – SECRETARIA DE ESTADO DE ENERGIA, INDÚSTRIA NAVAL E PETRÓLEO DO RIO DE JANEIRO. *Pequenas centrais hidrelétricas no Estado do Rio de Janeiro*. Rio de Janeiro, 2006. Macabu: p. 53.

SELMER-OLSEN, R. Experience with Unlined Pressure Shafts in Norway. In: INT. SYMP. ON LARGE PERMANENT UNDERGROUND OPENINGS. *Proceedings*... Oslo University Press, 1970.

SELMER-OLSEN, R. Underground Openings Filled with High Pressure Water or Air. *Bulletin Int. Assoc. Engineering Geology*, Krefeld, v. 9, p. 91-95, 1974.

SEMADS – SECRETARIA DE ESTADO DE MEIO AMBIENTE E DESENVOLVIMENTO SUSTENTÁVEL DO RIO DE JANEIRO. *Bacias hidrográficas e rios fluminenses*: síntese informativa por macrorregião ambiental. maio 2001. 74 p.

VAUGHAN, E. W. Steel Linings for Pressure Shafts in Solid Rock. *Journal of the Power Division*, ASCE, Apr. 1956. 39 p.

XAVIER, L. V. River Diversion of the Campos Novos Hydroelectric Power Plant. In: CBDB – COMITÊ BRASILEIRO DE BARRAGENS. *Diversion of Large Brazilian Rivers*. Rio de Janeiro, 2009. p. 35-49.

XAVIER, L. V.; CORREA, C. Acidentes em barragens brasileiras: barragem de Campos Novos. In: SIMPÓSIO DE SEGURANÇA DE BARRAGENS E RISCOS ASSOCIADOS, CBDB, 3., nov. 2008, Salvador, BA. Tema V. PowerPoint, 58 slides.

Parte II

Relato de casos de acidentes e incidentes

Como referido anteriormente e documentado nos Quadros 6.1 e 6.2, é escasso o número de casos de acidentes e incidentes em túneis hidráulicos no Brasil que tenham sido divulgados na literatura técnica e que possam oferecer suficientes elementos de análise.

Nos referidos quadros estão relacionados 11 casos, três dos quais aparecem como não identificados, por não terem sido divulgados de alguma forma e por não se dispor da autorização dos proprietários para divulgação. Nos demais oito casos, as informações encontradas na literatura técnica ou disponibilizadas na internet os tornaram de domínio público.

Nesse sentido, cabe aqui a ressalva de que todas as informações que constam deste livro foram obtidas a partir de fontes de divulgação ampla e estão livres de restrição de uso.

CASO 1

CAMPOS NOVOS (SC) (TÚNEIS DE DESVIO)

Rio – Canoas
Construção – Agosto de 2001 a janeiro de 2005
Data dos eventos – Colapso estrutural da boca do túnel de desvio em 20 de outubro de 2005 e esvaziamento do reservatório de 18 a 22 de junho de 2006
Tipo de documentação – Técnica

C1.1 Arranjo do empreendimento

O rio Uruguai é formado na junção dos rios Canoas e Pelotas. A barragem Campos Novos foi construída no rio Canoas, 21 km a montante dessa confluência. O presente texto trata do acidente ocorrido com um dos dois túneis de desvio, escavados na margem direita no local da barragem (Fig. C1.1).

A barragem controla uma área de drenagem de 14.200 km², que propicia a descarga média de longo termo de 299 m³/s. A barragem forma na El. 660,00 m um reservatório encaixado com superfície de 32,9 km², comprimento de 58 km e volume total de 1.472×10^6 m³, dos quais só 129×10^6 m³ são de volume útil, correspondentes a 5 m de deplecionamento máximo.

A barragem, implantada em vale apertado de encostas íngremes constituídas por derrames basálticos, é um maciço de enrocamento compactado com face de concreto de 202 m de altura, 592 m de comprimento de crista e volume de $21,5 \times 10^6$ m³. Os taludes da barragem são de 1V:1,3H a montante e de 1:V:1,2H a jusante, este com quatro bermas constituintes da estrada de acesso da base até quase a crista, o que confere um talude médio de 1V:1,4H. O reservatório tem a El. 660,00 m como nível d'água máximo normal e a El. 665,00 m como nível d'água máximo excepcional,

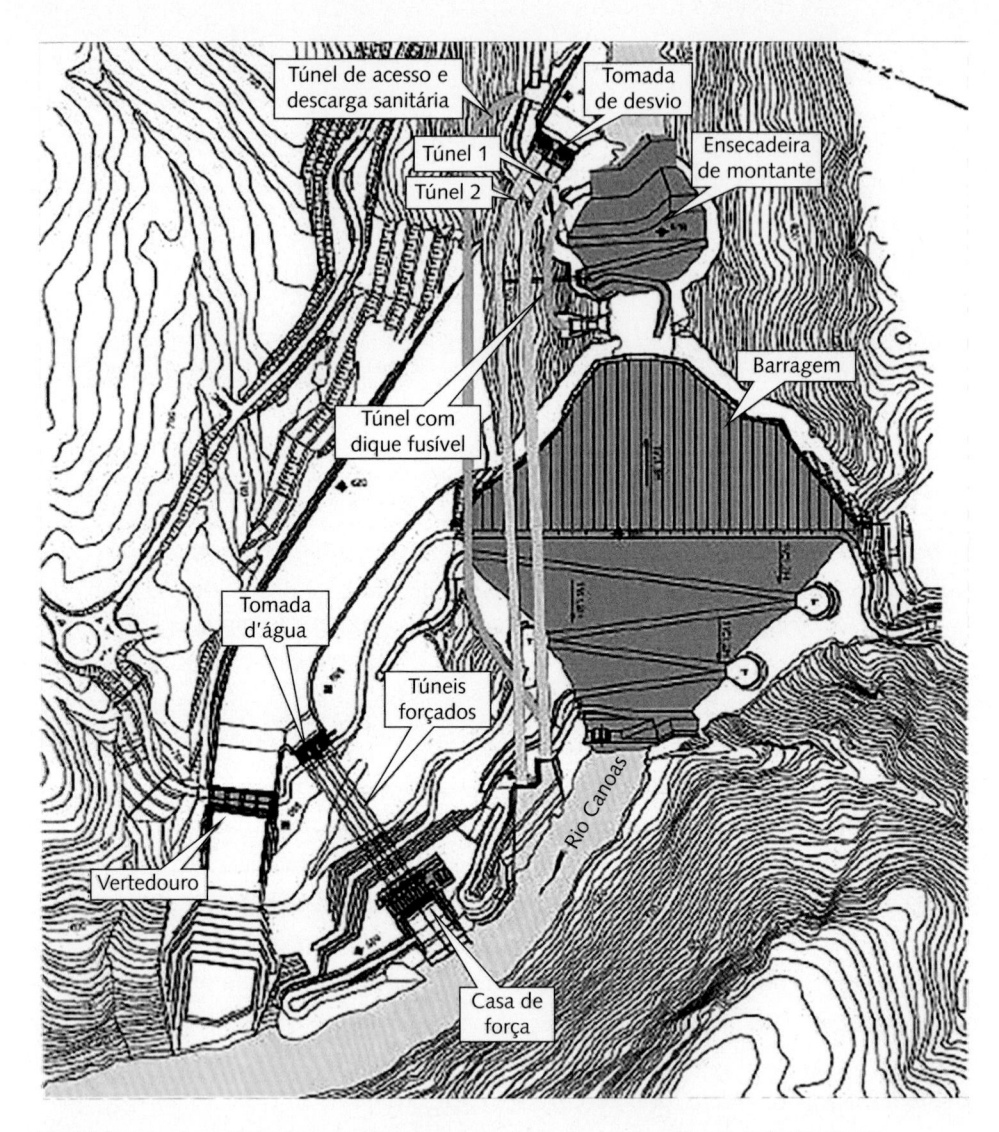

Fig. C1.1 Arranjo geral da obra e localização dos túneis de desvio no maciço da ombreira direita
Fonte: Xavier (2009b).

sendo que a crista da barragem à El. 666,00 m é provida de parapeito contínuo à El. 667,00 m, o que confere uma borda livre de 7 m, inusual no País, em função das súbitas descargas extremas afluentes, e uma borda livre mínima de 2 m.

O canal de acesso ao vertedouro e à tomada d'água foi escavado à El. 620,00 m na margem direita. O vertedouro tem quatro vãos de 17,40 m equipados com comportas de segmento de 20 m de altura, tendo sido projetado para escoar 18.300 m³/s em longa calha que deságua a jusante da casa de força.

A tomada d'água, em concreto gravidade aliviada, dispõe de três vãos que alimentam três condutos forçados em túnel de 6,20 m de diâmetro e 385 m de extensão até a casa de força, que abriga três unidades Francis de eixo vertical de 293,3 MW, cada qual sob queda líquida de 175,60 m. A Fig. C1.2 mostra o arranjo geral da UHE.

Para a construção da barragem, foram executados quatro túneis escavados em rocha, todos na margem direita, sendo dois túneis de desvio em seção arco-trapezoidal de 14,50 m de largura, 16 m de altura e extensão de cerca de 900 m, providos de estrutura de emboque em concreto com três vãos cada, com comportas vagão para fechamento dimensionadas para resistir a esforços de coluna d'água de 180 m (Fig. C1.3).

A ensecadeira de montante foi implantada com crista à El. 516,00 m protegendo os primeiros estágios de construção da barragem para descargas afluentes com 200 anos de recorrência. No período úmido subsequente, o maciço da barragem foi programado para atingir a El. 570,00 m, que correspondia a cerca de 100 m de altura e 3×10^6 m³ de enrocamento e conferiria proteção para a afluência da cheia de 500 anos.

Considerando a imprevisibilidade de cheias na Região Sul e objetivando garantir que, em caso de ocorrência de cheia intensa, não fosse danificada a ensecadeira de montante, foi construído um sistema composto de um túnel de *by-pass* que possibilitaria o enchimento do espaço entre a ensecadeira e o maciço da barragem em execução, minimizando a diferença de nível e a velocidade de escoamento em caso de transbordamento da ensecadeira.

O túnel de compensação foi executado com 11 m de diâmetro e 206 m de extensão. Foi instalado no interior desse túnel um dique fusível, com crista 1 m abaixo da crista da ensecadeira, que seria rompido por erosão caso viesse a ser transbordado. Um quarto túnel foi instalado para liberação de descarga sanitária.

Fig. C1.2 *UHE Campos Novos vista de jusante*
Fonte: Castro (2011).

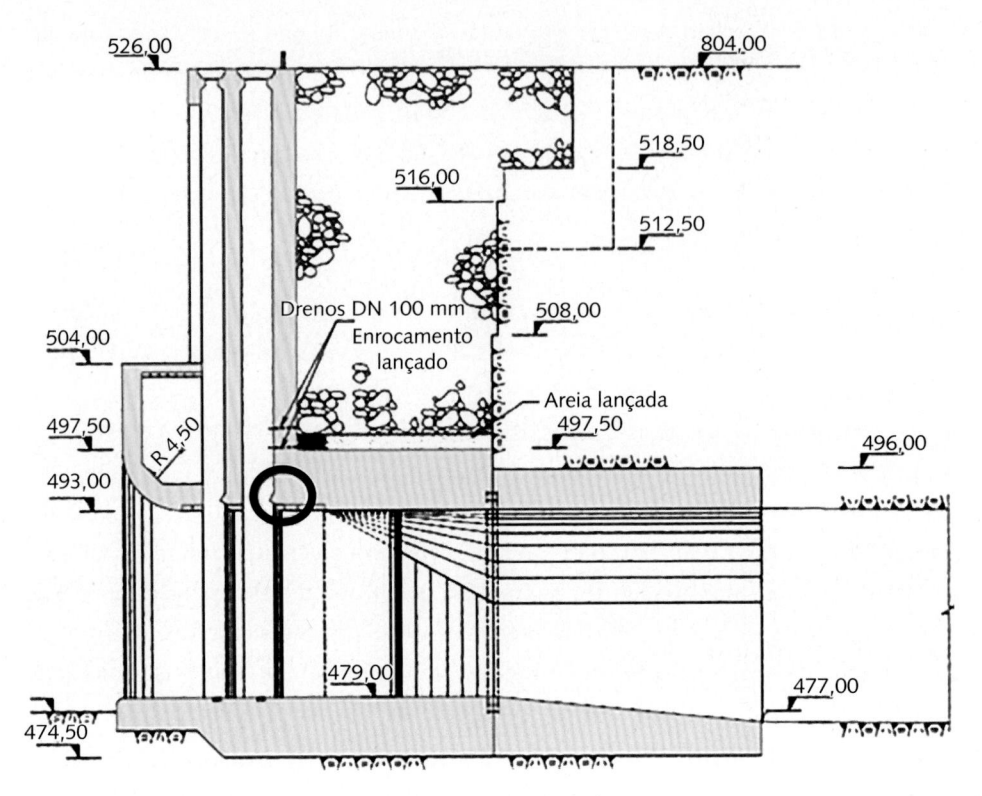

Fig. C1.3 Seção da tomada de desvio pelos túneis. O círculo identifica o local da estrutura onde o acidente teve início
Fonte: modificado de Xavier e Correa (2008).

C1.2 Descrição do acidente

O fechamento do reservatório havia sido previsto para ser executado com uma descarga de 1.000 m³/s, cerca de três vezes maior do que a descarga média de longo termo. Entretanto, à época do fechamento, as vazões estavam em 1.200 m³/s e, não devendo ser postergado pela proximidade da estação das chuvas, o fechamento foi realizado no dia 10 de outubro de 2005.

Apenas dez dias depois, em 20 de outubro, quando o nível d'água havia atingido a El. 626,90 m, foi ouvida uma explosão na região dos túneis de desvio, quando o nível d'água acima do piso dos túneis era de aproximadamente 150 m, seguida imediatamente por um vazamento de água, da ordem de 50 m³/s, pelo túnel de desvio 2. Cinco dias depois o nível d'água do reservatório atingiu a crista do vertedouro à El. 640,00 m, tendo subido esses 13 m. Ao longo de todo o processo de recuperação das estruturas hidráulicas, os vãos do vertedouro permaneceram abertos.

Tentativas de inspeção por jusante resultaram infrutíferas pelas descargas e pelas ondas no interior do túnel. Além disso, foi detectada carência de oxigênio e excesso de gás metano e gás sulfídrico, que poderiam gerar explosões e envenenamento. A lição aprendida no acidente dos túneis de desvio da barragem de Furnas (1963), reportado neste livro e em publicações técnicas anteriores, desaconselhou essas tentativas de acesso à área do acidente.

Através de inspeções por montante com equipamento submergível de controle remoto (ROV), dotado de câmeras, foi possível averiguar que o vazamento ocorria no vão 1 do túnel 2 (situado mais à direita hidráulica do que o túnel 1) e que se localizava na parte superior do portal da tomada de desvio que servia de apoio para a comporta vagão (Fig. C1.3).

Uma vez identificado o processo de ruptura em andamento, procurou-se tomar medidas corretivas imediatas, mas as dificuldades de acesso ao local do acidente, tanto por montante quanto por jusante, eram insuperáveis.

Procedeu-se, então, com sucesso, à construção do plugue de primeiro estágio, concluída em dezembro de 2005, logo seguida pela execução do segundo estágio no túnel 1, que não apresentava maiores problemas, concluída em março de 2006.

Para o túnel 2, em que a velocidade de escoamento foi estimada em 54 m/s (cerca de 200 km/h), tentou-se obstruir o vão rompido, que se situava a cerca de 150 m de profundidade, mediante lançamento de artefatos metálicos vazados para deter objetos em suas malhas e de correias transportadoras, seguidas de outros materiais naturais e fabricados, progressivamente menores. Houve também estudos de lançamento de concreto subaquático. Havia a preocupação de que o lançamento desses materiais colocados subaquaticamente através de uma balsa flutuante no reservatório, posicionada sobre o emboque do túnel danificado, pudesse, devido a impactos com o concreto da estrutura ou com as comportas e as guias, prejudicar e aumentar os vazamentos.

As tentativas de vedação, utilizando peças e equipamentos propositadamente construídos, foram bem-sucedidas, reduzindo-se as fugas de água a um mínimo (0,8 m³/s). Entretanto, o alívio foi de curta duração.

No dia 1º de abril de 2006, quando o reservatório subia à taxa de 0,30 m/dia, houve um súbito acréscimo de vazão pelo túnel 2, estimado em 23 m³/s. Cinco dias depois a vazão já era de 40 m³/s e continuava crescendo, até atingir 150 m³/s no dia 7 de abril, e, no final de junho, a vazão era de 170 m³/s, superior à descarga afluente ao reservatório, o que ocasionava depleci0namento da ordem de 0,5 m por dia. O acréscimo de descarga indicava que a cavidade que havia sido erodida e por onde a água escoava estava aumentando suas dimensões. Artefatos que haviam sido projetados para a obstrução de orifício de 1 m passaram a ser dragados e artefatos maiores foram empregados, mas, após algum tempo, foram também arrastados pelo fluxo de água.

A partir da tarde do dia 19 de junho de 2006, as descargas aumentaram bruscamente até cerca de 400 m³/s, quando, à meia-noite, o fluxo contínuo e de elevada velocidade, incidindo permanentemente no pilar entre as comportas 2 e 3 do túnel 2, provocou forte erosão nesse pilar, que colapsou, deixando subitamente essas duas comportas sem apoio lateral. Nessa hora foi ouvido um grande estrondo e foi verificado escoamento pleno do túnel 2, que perdeu duas das três comportas vagão de sua tomada d'água. A abertura dos dois vãos gerou o escoamento inicial estimado em aproximadamente 3.900 m³/s (correspondente à descarga com tempo de recorrência de oito anos), que foi sendo reduzido à medida que o reservatório era deplecionado, o que ocorreu em cerca de 60 h (Fig. C1.4).

Apesar de ter havido rebaixamento rápido do reservatório, as encostas íngremes e saturadas não sofreram deslizamentos de taludes naturais. Não houve perigo para a casa de força da UHE Campos Novos, situada logo a jusante dos túneis de desvio, pois essa descarga de 3.900 m³/s era apenas 21% da descarga de projeto do vertedouro para a qual a casa de força tinha sido projetada.

Tampouco ocorreu desconforto a jusante, uma vez que a hidrelétrica localizada a jusante, no rio Uruguai, cujo reservatório se estende pelos rios Canoas e Pelotas, além de não estar em seu nível d'água máximo normal, possuía um vertedouro de capacidade de 35.000 m³/s, que teria absorvido com facilidade a descarga liberada por Campos Novos. A perda do volume de água devida a esse acidente foi totalmente retida no reservatório de Machadinho.

Durante esse período de esvaziamento, que teve a duração de cerca de 60 h, foi observado um redemoinho nas águas do reservatório, próximo ao local das tomadas de desvio (Fig. C1.5).

C1.3 Consequências do acidente

Levantamentos feitos quando houve condições de acesso aos túneis mostraram os danos causados às estruturas de concreto e à própria seção do túnel 2, afetado pelo impacto das águas (Fig. C1.6).

A estrutura de concreto a jusante das comportas e a própria seção do túnel em rocha foram intensamente erodidas seja por cavitação, seja por jateamento direto (Fig. C1.7).

C1.4 Medidas de recuperação

Para dar início à recuperação do controle da situação, manteve-se o fluxo de água do rio passando pelo túnel 2, ao mesmo tempo que se procedeu à demolição do

Fig. C1.4 *Reservatório sendo esvaziado pelo túnel 2*
Fonte: Xavier (2009b).

Fig. C1.5 *Redemoinho na superfície da água sinalizando o avanço do processo de esvaziamento do reservatório*
Fonte: Xavier (2009b).

Fig. C1.6 *Pilar de concreto erodido, situado entre os vãos 2 e 3 do túnel 2, visto (A) de cima e (B) de dentro do túnel após o esvaziamento do reservatório, sem as duas comportas vagão*
Fonte: Xavier (2009b).

plugue de concreto do túnel 1. As três comportas do túnel 1 foram então reabertas e a estrutura do túnel 2 foi ensecada por montante, o que fez com que as águas fossem desviadas para o túnel 1. A comporta vagão do vão 1 do túnel 2 foi mantida fechada. Como as comportas vagão dos vãos 2 e 3 haviam sido levadas pelo fluxo de água em elevada velocidade durante o acidente, foram montadas nas guias de montante dos vãos 2 e 3 do túnel 2 duas comportas ensecadeira de concreto com 10 m de altura, que possibilitaram, com a comporta vagão do vão 1, a construção do plugue do túnel 2.

No dia 26 de novembro de 2006, após a conclusão do plugue do túnel 2, foram fechadas as três comportas do túnel 1 para o novo enchimento do reservatório e,

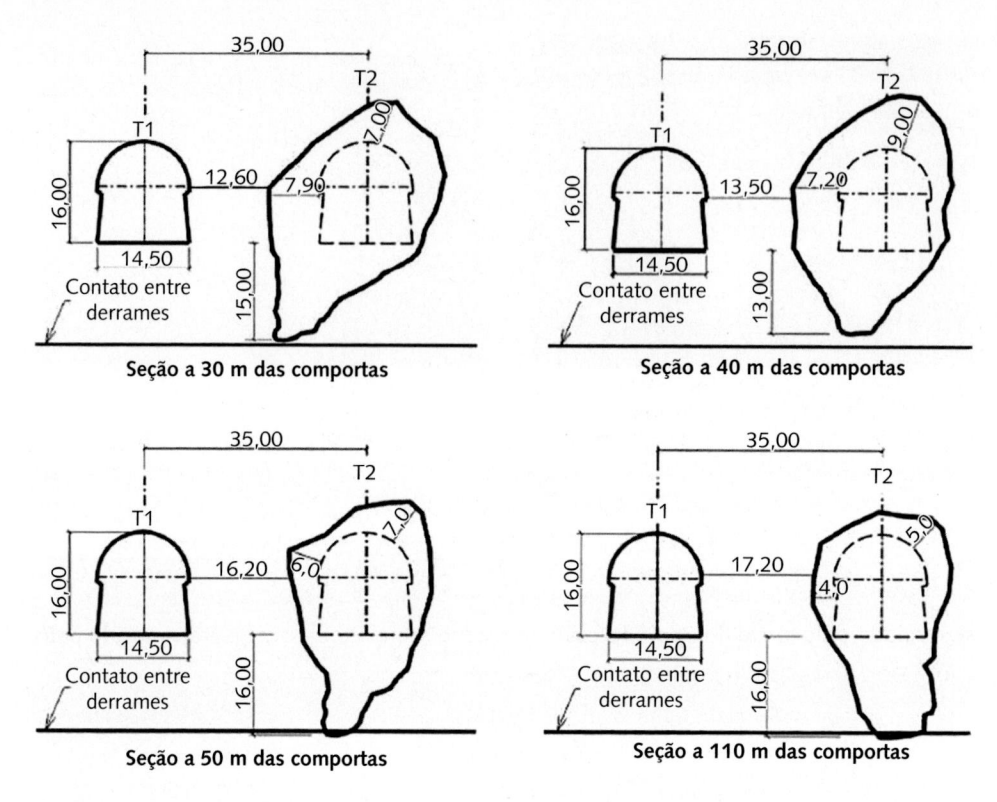

Fig. C1.7 *Danos causados à seção do túnel 2, afetado pela capacidade erosiva das águas*
Fonte: Xavier (2009b).

em seguida, foi implantado novamente o plugue de concreto do túnel 1, concluído em janeiro de 2007.

O reservatório atingiu o nível operacional, possibilitando o início de operação da usina, no final de janeiro de 2007. Após o reenchimento do reservatório, as descargas pelos plugues e pelo maciço rochoso captadas nos túneis de desvio passaram a ser de 25 l/s no túnel 1 e 20 l/s no túnel 2, plenamente aceitáveis para a carga de cerca de 200 m.

Toda a sequência de recuperação teve a duração aproximada de 150 dias. Com exceção do inevitável retardo no início de operação, não foi registrado qualquer impacto negativo ao meio ambiente, tampouco acidente com perda de vida ou com grave ferimento, durante todo o processo de reabilitação da obra.

C1.5   Causas do acidente

Atribui-se o início do processo de colapso do portal da tomada d'água do túnel de desvio 2 à ruptura do elemento de concreto de segundo estágio que servia de apoio para a comporta gaveta (Fig. C1.8).

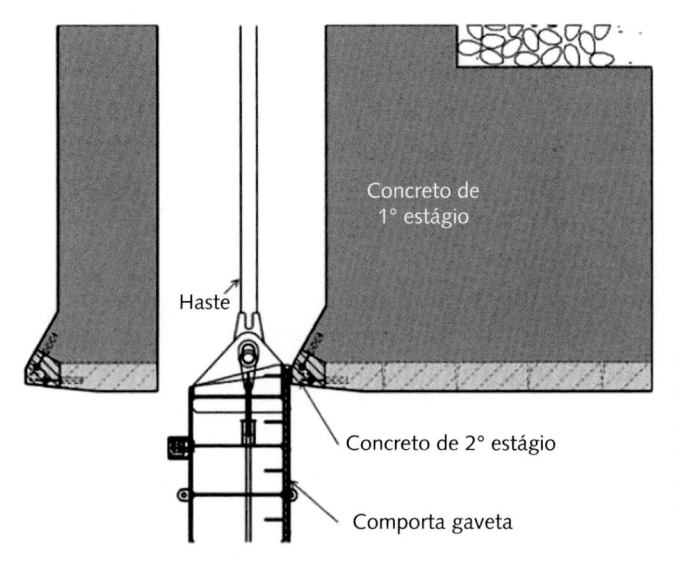

Fig. C1.8 *Processo de ruptura possivelmente iniciado no encontro da comporta vagão com o concreto de segundo estágio, conforme mostrado na figura*
Fonte: Xavier (2009b).

A progressão da erosão, sob um jato com velocidade avaliada em 54 m/s, deve ter se iniciado pelo corte do apoio lateral, no trecho superior da comporta, seguido pelo encurvamento para jusante do topo da própria comporta. O direcionamento do jato de água por longo tempo causou a erosão da estrutura, no local do engaste do pilar entre os vãos 2 e 3 do túnel 2. A perda de engaste levou ao colapso do pilar, no qual se apoiavam as comportas dos vãos 2 e 3.

O acidente com o túnel de desvio induz a meditar sobre os riscos crescentes que inevitavelmente surgem ao se lidar com obras e estruturas progressivamente maiores, mais altas, em que as pressões, os carregamentos e os gradientes induzidos por colunas de água da ordem de duas centenas de metros situam tais obras nos limites do "já executado", adentrando no campo do "não ainda experimentado".

Referências bibliográficas

CASTRO, F. G. Companhia Paulista de Força e Luz. *A história das barragens no Brasil*. Rio de Janeiro: Comitê Brasileiro de Barragens, 2011. p. 304-307.

CRUZ, P. T.; MATERÓN, B.; FREITAS, M. *Barragens de enrocamento com face de concreto*. 2. ed. São Paulo: Oficina de Textos, 2014. Campos Novos: p. 72-75.

MELLO, F. M. Tipos de acidentes e incidentes em barragens. In: ENCONTRO TÉCNICO SOBRE INCIDENTES E ACIDENTES EM BARRAGENS – LIÇÕES APRENDIDAS, DNPM, 1., set. 2016, Salvador, BA. 118 p.

XAVIER, L. V. Campos Novos Hydropower Plant on Canoas River. In: CBDB – COMITÊ BRASILEIRO DE BARRAGENS. *Main Brazilian Dams III*. Rio de Janeiro, 2009a. p. 45-58.

XAVIER, L. V. River Diversion of the Campos Novos Hydroelectric Power Plant. In: CBDB – COMITÊ BRASILEIRO DE BARRAGENS. *Diversion of Large Brazilian Rivers*. Rio de Janeiro, 2009b. p. 35-49.

XAVIER, L. V.; CORREA, C. Acidentes em barragens brasileiras: barragem de Campos Novos. In: SIMPÓSIO DE SEGURANÇA DE BARRAGENS E RISCOS ASSOCIADOS, CBDB, 3., nov. 2008, Salvador, BA. Tema V. PowerPoint. 58 slides.

CASO 2

FURNAS (MG)
(TÚNEIS DE DESVIO)

Rio – Grande
Construção – De 1958 a 1963
Data do evento – O acidente ocorreu de abril de 1963 a junho de 1964
Tipo de documentação – Técnica

O grave acidente que ocorreu nos túneis de desvio da barragem de Furnas, caso não tivesse sido corrigido a tempo, teria se transformado no mais impactante acidente até então ocorrido no País e, sem sombra de dúvida, no mais severo acidente em engenharia, gerador do maior desastre macroeconômico nacional até a data atual. Por esse motivo, o presente relato é descrito com profundo detalhe.

Até os anos 1950 todas as empresas de energia elétrica no País eram privadas e suas usinas geradoras eram predominantemente situadas nas regiões Sudeste e Sul. Em 1934 o Decreto Federal nº 24.643, conhecido como Código de Águas, e o cancelamento da Cláusula Ouro, que protegia as empresas concessionárias da desvalorização da moeda nacional, passaram a desencorajar diretamente os investidores do setor elétrico. Devido à contenção do valor das tarifas que passou a vigorar e à fragilidade do empresariado nacional, houve insuficiência de oferta de energia elétrica nas décadas que se seguiram. Os danos ao progresso da nação foram intensos e irrecuperáveis, tendo sido observado rigoroso estrangulamento na expansão de oferta de energia elétrica em todo o território nacional. Esse estrangulamento fez com que alguns governos estaduais e o governo federal criassem empresas de energia elétrica. Dessa forma, o setor elétrico foi paulatinamente sendo estatizado.

Em 1960, devido à desastrosa e desastrada política de restrição tarifária causada pela não remuneração de capital empregado em obras de geração, transmissão e distribuição de energia elétrica, a capacidade instalada no País era de apenas 5.000 MW, dos quais 3.700 MW provinham de hidrelétricas, tendo resultado em oferta insuficiente de energia elétrica, não atendimento da demanda de ponta e repetidos racionamentos, além de carências nos serviços de fornecimento de energia elétrica. Como consequência, houve intensa estagnação econômica, que perdurou por décadas até ter sido estabelecida a "verdade tarifária" no governo Castelo Branco, a partir de 1964.

Esse cenário adverso fez com que alguns governos estaduais e o governo federal tivessem que criar empresas de energia elétrica já nos anos 1950. A Cemig foi uma delas, fundada no governo estadual de Juscelino Kubitschek por iniciativa de Lucas Lopes. Seu diretor técnico John Cotrim promoveu um reconhecimento do rio Grande, que identificou o excepcional local de Furnas.

Como o empreendimento seria muito grande para a Cemig de então, Juscelino, ao se tornar presidente da República, instituiu a Central Elétrica de Furnas, para implementar a usina que, na época, seria uma das maiores do planeta, tendo como diretores executivos John Cotrim, Flavio H. Lyra e Benedito Dutra, apresentados por Lucas Lopes a Juscelino no palácio Rio Negro, em Petrópolis (RJ) (Fig. C2.1).

Em outubro de 1958, Furnas conseguiu do Banco Internacional para Reconstrução e Desenvolvimento (BIRD) um empréstimo de US$ 73 milhões, quantia impressionante para a época, tendo sido o mais vultoso empréstimo feito pelo BIRD para somente um empreendimento e o único realizado para o Brasil durante aquele governo.

Fig. C2.1 *Reunião no palácio Rio Negro, em Petrópolis, para a aprovação da constituição da empresa Furnas. A partir da esquerda, João Monteiro, Lucas Lopes, Juscelino Kubitschek, John Cotrim, Flavio H. Lyra e Benedito Dutra*

C2.1 Arranjo do empreendimento

A barragem da hidrelétrica de Furnas está localizada no médio rio Grande, no Estado de Minas Gerais, 16 km a jusante da confluência com o rio Sapucaí mineiro. É uma barragem de enrocamento nos dois espaldares com núcleo de solo arenoargiloso, com espessas transições a montante e a jusante. Entre as transições e os espaldares há volumosas camadas de solo não selecionado. O maciço da barragem em arco amplo tem 127 m de altura máxima e 550 m de extensão no coroamento, apoiado sobre fundação rochosa, constituída por xistos e quartzitos pré-cambrianos. O volume da barragem atingiu o impressionante vulto para a época de 7×10^6 m³.

Para evitar que as águas represadas fossem transportas para a bacia hidrográfica do rio São Francisco, foi construída a barragem de Pium-I, maciço homogêneo de terra compactada com 37 m de altura, 680 m de extensão e $2,6 \times 10^6$ m³ de volume.

Implantadas em canal escavado na margem esquerda estão as estruturas da tomada d'água, com 46,5 m de altura e 109 m de extensão, compreendendo 103.000 m³ de concreto, e do vertedouro, com 43 m de altura, 210 m de crista e 142.000 m³ de concreto, com sete vãos providos de comportas de segmento de 11,5 m × 15,8 m e capacidade de descarga de 13.000 m³/s. A casa de força abriga oito unidades Francis de eixo vertical, com capacidade total de 1.200 MW, dos quais 900 MW entraram em operação na primeira fase de implantação.

A barragem de Furnas controla uma área de drenagem de 52.000 km² do rio Grande, formando um reservatório de 22.960×10^6 m³ em uma área de 1.460 km². O reservatório é o principal regularizador das descargas do rio Grande e da bacia hidrográfica do rio Paraná, tendo sido por longas décadas a maior reserva de água do País, com volume útil de 16.089×10^6 m³.

Quando Furnas estava sendo construída, além de uma pequena hidrelétrica situada no braço esquerdo de Marimbondo, só havia uma grande hidrelétrica a jusante no rio Grande, a primeira fase de Peixoto, com 168 MW, que, junto com Fontes, Nilo Peçanha, Ilha dos Pombos, Paulo Afonso I, Cubatão e Henry Borden, formava o conjunto das maiores usinas do Brasil. Portanto, um colapso na barragem de Furnas em construção, que corresponderia a cerca de 20% da capacidade instalada em território nacional, com seu grande reservatório atingindo em nível a soleira do vertedouro de superfície, poderia causar enorme impacto socioambiental e tiraria de operação uma das sete maiores usinas geradoras de energia elétrica do País à época.

No início da construção, foram abertos dois túneis de desvio, paralelos, com seção em ferradura com 15 m de diâmetro e 885 m e 806 m de extensão, com espaçamento entre os eixos de 50 m, inseridos na ombreira esquerda (Fig. C2.2). Uma janela de acesso foi implantada na ombreira, com o propósito de abrir quatro frentes de escavação.

As escavações dos túneis foram feitas em duas etapas, a primeira compreendendo a abóbada completa e a segunda, a bancada inferior. Essas escavações atravessaram uma zona de quartzito decomposto, que foi denominada zona de arcos devido à necessidade da adoção de cambotas metálicas. Nessa área, foi revestida a abóbada em concreto com 60 cm de espessura. Esse revestimento armado foi calculado para resistir à pressão plena do reservatório depois de formado e apresentava extensa drenagem, através de perfurações em rocha que atravessavam o concreto e penetravam por vários metros no quartzito. O trecho entre os portais e o início da zona de arcos (trecho de rocha decomposta) foi também revestido por concreto armado. Os trechos restantes dos túneis foram revestidos por concreto projetado (Fig. C2.3).

Fig. C2.2 *Vista geral da UHE Furnas. O círculo assinala o desemboque dos túneis de desvio*
Fonte: Mello (2009).

Fig. C2.3 *Zonas de arcos escavadas em quartzito decomposto e tomadas d'água dos dois túneis de desvio, cada um com dois vãos providos de comportas vagão cilíndricas*
Fonte: Mello (2009).

Em cada um dos túneis de desvio foi implantado um plugue de concreto com 32 m de comprimento, situado na vertical das estruturas da tomada d'água e do vertedouro. A Fig. C2.4 indica a localização dos plugues no arranjo das estruturas. A concretagem dos plugues foi iniciada através da execução de plugues primários, que tinham 7 m de comprimento. Após a construção dos plugues primários, estes foram completados para jusante, formando plugues com 36 m de extensão.

Nas faces de jusante dos plugues foi projetada uma galeria interna no concreto para a execução das injeções de contato e de impermeabilização (Fig. C2.5).

C2.2 Descrição do acidente

Em 9 de janeiro de 1963, em operação sigilosa e disfarçada em razão da forte oposição constante às obras da hidrelétrica (Mello, 2011), os diretores deixaram o escritório central de Furnas e viajaram para a obra em avião fretado. À meia-noite foram baixadas as quatro comportas, dando início ao enchimento de reservatório, e, logo após, foi dado início à construção da ensecadeira a jusante dos túneis. Entretanto, o esvaziamento da área ensecada somente ocorreu em março, devido a atrasos na instalação das bombas.

Na primeira inspeção no interior dos túneis, constatou-se que as comportas os tinham vedado de maneira satisfatória, mas que a água penetrava com bastante pressão por furos de drenagem deixados através do concreto, especialmente no túnel direito. A existência, no fundo do túnel, de material carreado pela água fez temer que nessa região pudesse vir a ocorrer um entubamento (*piping*). A descarga total de vazamento para o interior dos túneis era da ordem de 650 l/s. Em vista disso, foi decidido acelerar a construção dos tampões, que, para esse fim, foram divididos transversalmente, iniciando-se a concretagem pelos plugues primários, estes com 7 m de comprimento (Fig. C2.5). Esses plugues primários garantiriam a permanência do fechamento, mesmo que ocorresse o entubamento, resistindo à pressão plena do reservatório, que se encontrava em fase de enchimento.

Em 5 de abril de 1963, um dia após o término da concretagem do plugue primário do túnel direito, um forte estrondo foi ouvido por quem estava em cima dos portais dos túneis de desvio. A superfície da água no reservatório mostrava um borbulhamento de ar que saía do túnel do lado direito, nas vizinhanças dos referidos portais. Ao mesmo tempo, um tubo de descarga de 12", instalado no plugue da direita, mostrou um forte aumento de vazão. Na saída do túnel, a jusante, as bombas não venciam a vazão da água que irrompia na área ensecada. Pelo túnel da direita, a descarga foi estimada em cerca de 3 m³/s. Observou-se o aparecimento de uma mancha lamacenta e de bolhas de ar no reservatório, na vertical das comportas do túnel direito.

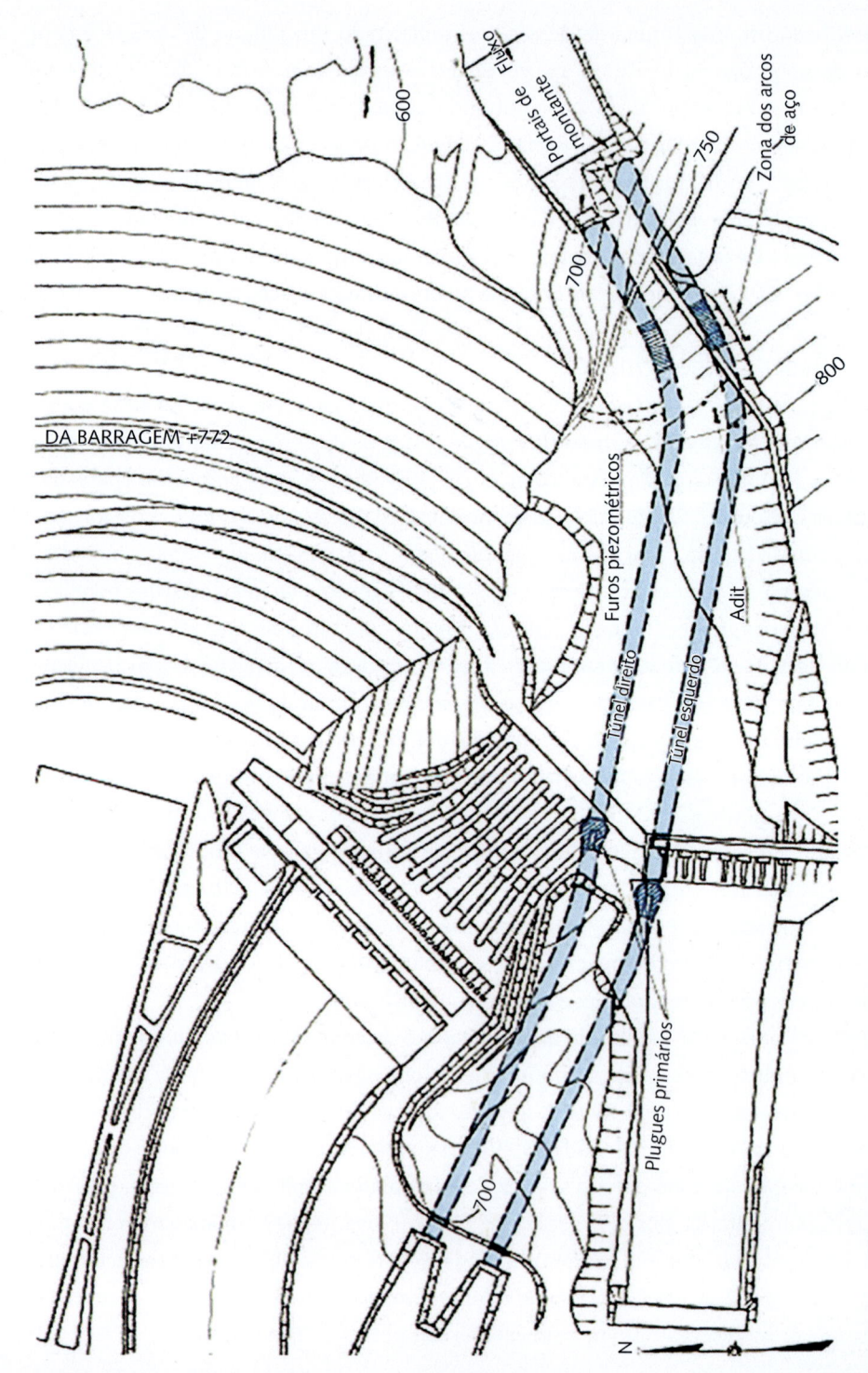

Fig. C2.4 Arranjo da UHE Furnas, com destaque para os túneis de desvio com seus plugues
Fonte: Furnas (1967).

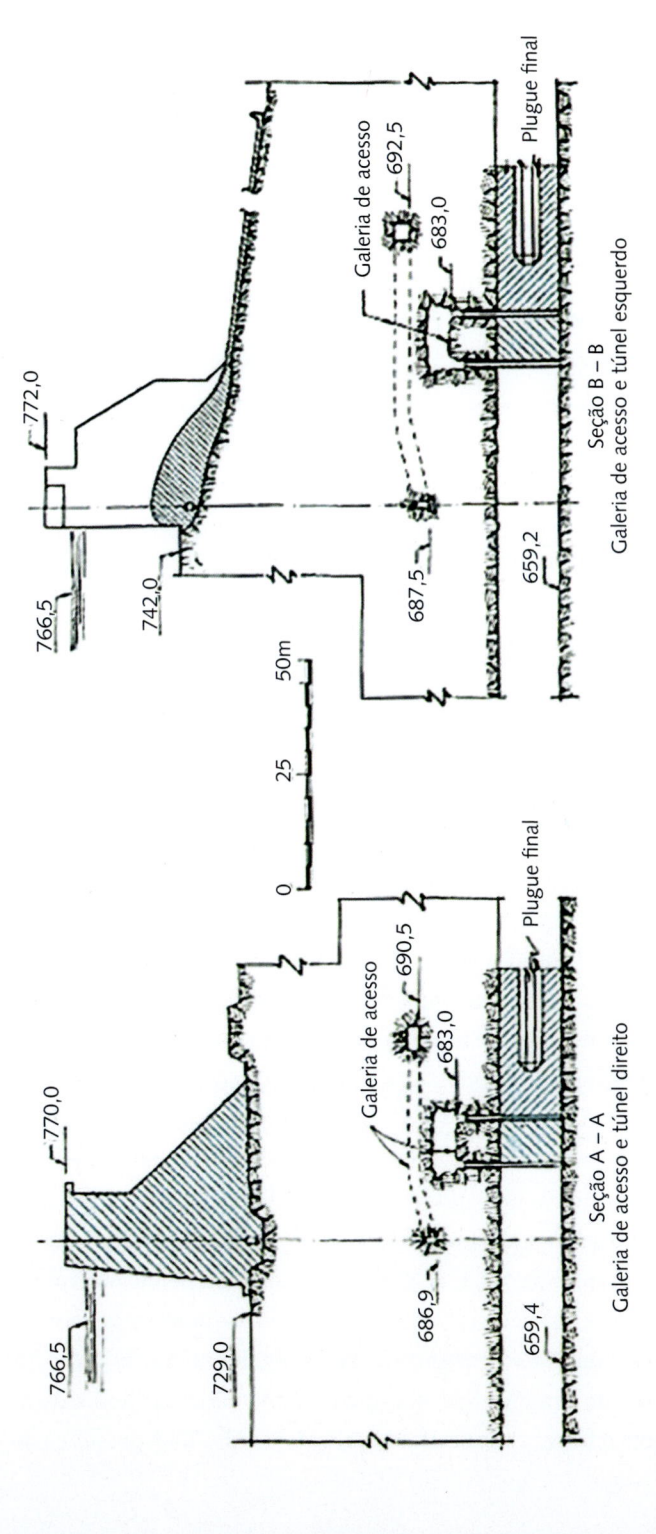

Fig. C2.5 *Localização dos plugues nos túneis de desvio, com destaque para as galerias de acesso*
Fonte: Lyra (1967).

Diante da necessidade de concretar o plugue do túnel esquerdo, o bombeamento a jusante dos túneis foi reforçado e uma nova ensecadeira foi lançada, tendo isolado a saída do túnel esquerdo, de modo a permitir o acesso. Em 26 de abril, às 3h00 da manhã, quando a concretagem do plugue do túnel esquerdo estava prestes a ser finalizada, notou-se uma forte descarga de ar através dos três tubos de 12" deixados junto à base do plugue, seguida por uma descarga de água, que aumentou muito rapidamente. O local teve que ser abandonado, devido à rápida subida do nível d'água a jusante, na área ensecada. Pouco depois, às 3h30, ouviu-se uma forte explosão dentro do túnel, a montante do plugue. O vazamento de água foi estimado então em 15 m³/s e, mais tarde, aumentou para cerca de 135 m³/s.

Inicialmente foi imaginado um colapso progressivo na região de quartzito decomposto, na zona de arcos. Embora o nível d'água estivesse subindo rapidamente, pesquisava-se constantemente toda a margem submersa com molinetes, para determinar os pontos com fluxo que indicasse os locais em que havia penetração de água nos túneis.

A partir da encosta esquerda começaram a ser lançados materiais, como os das transições do maciço da barragem, num volume de cerca de 80.000 m³, na tentativa de obstruir o local suposto de infiltração.

Passou-se, então, a tentar fechar o plugue do túnel esquerdo. Como referido anteriormente, na madrugada do dia 26 de abril, quando restavam poucas horas para o término da concretagem do plugue primário, ocorreu um forte estrondo e a água começou a subir a montante do plugue. Com problemas em ambos os túneis e sem conhecimento das causas, enfrentava-se séria situação, cujo agravamento era nítido.

Em 5 de setembro, o reservatório já havia atingido um nível apenas 11 m abaixo do seu nível máximo normal e os vãos do vertedouro de superfície eram mantidos abertos. A vazão no túnel direito, inicialmente de 3 m³/s, passou a 18,40 m³/s, a vazão no túnel esquerdo atingiu 83,13 m³/s e as pressões no interior dos túneis eram crescentes. Foram detectadas grandes velocidades de escoamento nas regiões sobre as comportas. Cavitação e erosão haviam destruído partes das estruturas de concreto.

As investigações através de sondagens, poços, novas galerias e testes com corantes confirmaram a presença de um forte vazamento nas vizinhanças do portal do túnel esquerdo. Em junho de 1963, as descargas medidas pelos vazamentos haviam sido de 75 m³/s e 6 m³/s, respectivamente nos túneis esquerdo e direito.

Em 23 de agosto de 1963 ocorreu um grave acidente, causando o falecimento de um engenheiro e de um auxiliar, que haviam entrado nos túneis de acesso para observações visuais e fotos. A causa das mortes foi atribuída à presença de metano e outros gases perigosos. A partir de então, adotaram-se procedimentos de segurança típicos de atividades em minas subterrâneas.

A partir de abril de 1963 até praticamente o final do ano, todas as tentativas de intervenção e correção não haviam alcançado efeitos práticos, inclusive o lançamento dos 80.000 m³ de material granular em frente ao portal do túnel direito. Até o final de setembro, cerca de 7.000 sacos contendo concreto haviam sido despejados em frente ao portal do túnel direito e cerca de 4.000 no túnel esquerdo, sem redução perceptível das vazões pelos túneis. Tambores de 60 cm de diâmetro e pneus de caminhões fora de estrada foram arrastados através da brecha existente no túnel esquerdo, mesmo quando preenchidos com concreto.

A intensificação do monitoramento de níveis e vazões permitiu documentar a trajetória e os resultados das operações empreendidas, retratados no gráfico da Fig. C2.6.

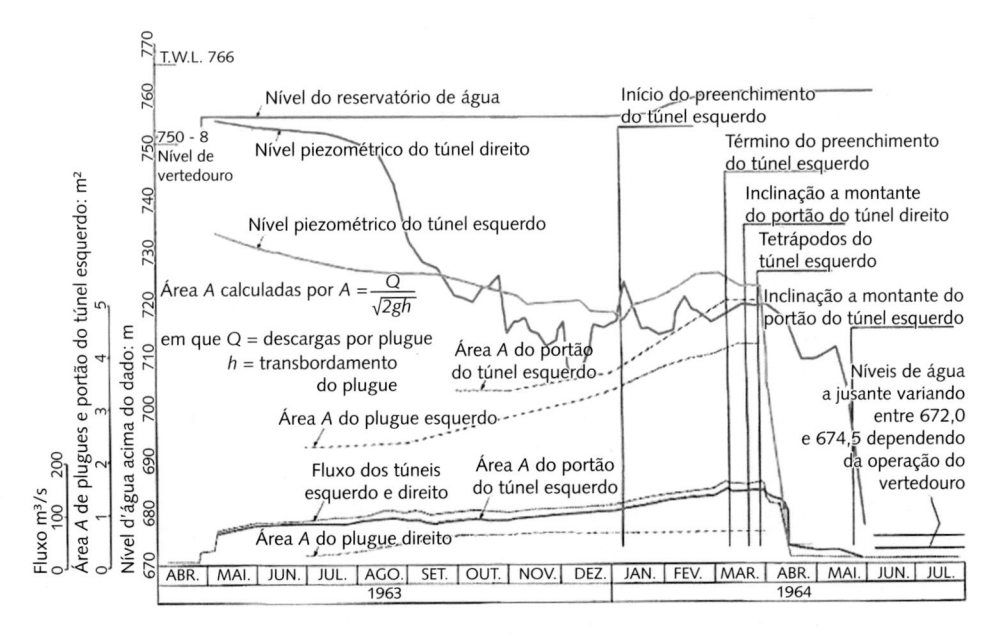

Fig. C2.6 *Monitoramento de descargas e níveis de água entre abril de 1963 e junho de 1964*
Fonte: CBDB (2009).

C2.3 Medidas de recuperação

Após meses de tentativas infrutíferas de estancar os vazamentos, tornou-se evidente que seria necessário bloquear, ao menos parcialmente, as erosões dos portais das tomadas d'água dos túneis, para impedir que o material selante despejado fosse arrastado para dentro dos túneis. Foram então confeccionados tetrápodos utilizando vigas com flange de 25 cm × 25 cm de largura e comprimento das pernas de 1 m e inseridas nas ranhuras a partir de flutuantes.

As operações de descida enfrentaram enormes dificuldades, devido principalmente à presença de obstáculos colocados pelas tentativas anteriores, até que, no início de abril de 1964, computava-se uma centena de tetrápodos, parte deles de dimensões menores, colocados próximo das erosões do emboque do túnel esquerdo, além de cubos de concreto com 80 cm de aresta seguidos por outros com 50 cm de aresta e, posteriormente, por pedras selecionadas de cerca de 50 cm de diâmetro.

Essa operação foi feita com o apoio de correia transportadora que atingia um flutuante que permanecia no reservatório sobre os bocais dos dois túneis. O lançamento das pedras era feito por tromba. Quando o cone de pedras atingiu o topo dos portais, foi lançada brita de 6" e, posteriormente, material de transição, que havia sido especificado para o corpo da barragem. Esse material continha enrocamento miúdo e finos, que fizeram com que as descargas de infiltração passassem a cair no túnel esquerdo de 130 m³/s para 20 m³/s. A operação foi direcionada para o túnel direito, com sucesso semelhante. A correia transportadora passou a lançar xisto decomposto, que reduziu ainda mais as infiltrações (Fig. C2.7). As infiltrações foram

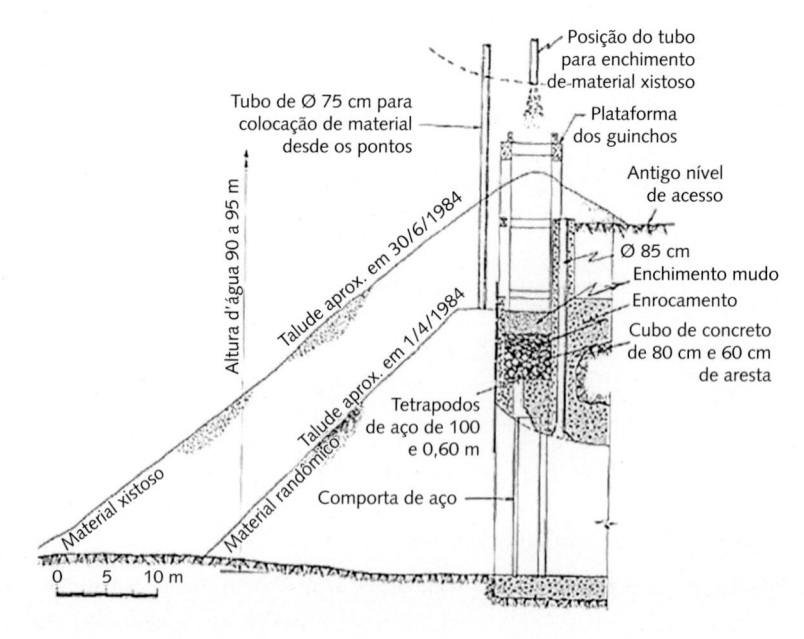

Fig. C2.7 *Seção esquemática mostrando o enchimento do portal do túnel esquerdo com materiais colocados a partir de flutuantes*

Fonte: Mello (2016).

reduzidas para 2 m³/s no túnel direito e a menos de 1 m³/s no túnel esquerdo, o que possibilitou a execução dos dois plugues.

Nesse momento, julgou-se possível esvaziar o interior da ensecadeira de jusante e retomar os trabalhos pelo túnel esquerdo. Um novo acidente fatal ocorreu com a equipe de trabalhadores, devido à presença de metano, que causou uma forte explosão. Duas pessoas faleceram e outras cinco sofreram ferimentos.

Apesar da intensa e longa batalha de 15 meses para estancar as grandes infiltrações nos dois túneis de desvio, em grande parte do tempo sem conhecimento das causas do acidente, bem como para impedir o progresso das erosões, que aumentavam as vazões pelos túneis, o acidente não causou atrasos na entrada em operação da usina hidrelétrica. Conseguiu-se, assim, socorrer o centro de carga de São Paulo, que se encontrava em situação extremamente crítica, com os reservatórios de suas maiores geradoras completamente deplecionados.

C2.4 Causas do acidente nos túneis

O reconhecimento da existência de gases explosivos no interior dos túneis e das galerias veio abrir nova luz sobre as causas dos acidentes ocorridos inicialmente. Em ambos os túneis, os acidentes aconteceram na ocasião em que foi confinado um grande volume de ar entre as comportas e os plugues primários. A degradação da vegetação na área do reservatório foi a provável fonte de metano, gás dissolvido na água sob fortes pressões.

O gás metano se torna explosivo quando em mistura com o ar na proporção de 5% a 15%, podendo inflamar em consequência de uma centelha, ou de elevação da temperatura, ou na presença de compostos fosforados, que podem existir na carcaça de peixes decompostos. O mesmo ocorre na presença de gás sulfídrico (H_2S), que pode dar origem a explosões em razão da elevação da temperatura, que, em ambiente fechado, provoca sua oxidação lenta.

Na época, a causa provável dos acidentes podia ser atribuída a: i) colapso estrutural, por sobrecarga de pressão, ou ii) explosão atribuída à presença dos gases anteriormente mencionados. Quando foi finalmente possível entrar no túnel esquerdo, passando por cima do orifício do plugue primário, afastou-se a hipótese do colapso estrutural na zona de arcos, pois a avaria estava toda localizada no concreto vizinho à comporta.

A explosão ficou então caracterizada como a causa do acidente, tendo aparentemente produzido, de um lado, avaria no selo da comporta e, do outro, a ruptura da chaminé de ventilação embutida no concreto. Iniciado o vazamento, a cavitação, no começo, e a passagem de pedras, em seguida, produziram o restante da avaria encontrada.

Referências bibliográficas

CBDB – COMITÊ BRASILEIRO DE BARRAGENS. *Diversion of Large Brazilian Rivers*. Rio de Janeiro, 2009. 187 p.

CBGB – COMITÊ BRASILEIRO DE GRANDES BARRAGENS. *Cadastro brasileiro de deterioração de barragens e reservatórios*. Rio de Janeiro, 1986. 198 p.

ICOLD – INTERNATIONAL COMMISSION ON LARGE DAMS. *Lessons from Dam Incidents*: Furnas Dam. 1974. p. 955.

LYRA, F. H. Furnas: aproveitamento hidrelétrico e acidentes nos túneis de desvio – II Jornadas Luso-Brasileiras de Engenharia Civil. *Revista Brasileira de Energia Elétrica*, separata, n. 15, ago. 1967. 18 p.

LYRA, F. H.; MacGREGOR, W. Furnas Hydro-Electric Scheme, Brazil: Closure of Diversion Tunnels. *Annals of The Institution of Civil Engineers*, London, v. 36, p. 20-46, Jan. 1967.

LYRA, F. H.; QUEIROZ, L. A. The Furnas Rockfill Dam. In: INTERNATIONAL CONGRESS ON LARGE DAMS, ICOLD, 8., 1964, Edinburgh. v. 3, p. 679-698.

MELLO, F. M. Accidents in the Furnas Diversion Tunnels. In: CBDB – COMITÊ BRASILEIRO DE BARRAGENS. *Diversion of Large Brazilian Rivers*. Rio de Janeiro, 2009. p. 65-70.

MELLO, F. M. Furnas no século XX. In: CBDB – COMITÊ BRASILEIRO DE BARRAGENS. *A história das barragens no Brasil*. Rio de Janeiro, 2011. p. 189-205.

MELLO, F. M. Recuperação de barragens e reservatórios: aspectos físicos e ambientais. In: SEMINÁRIO NACIONAL DE GRANDES BARRAGENS, CBGB, 16., nov. 1985, Belo Horizonte, MG. v. II, tema II, p. 153-223.

CASO 3

GUANDU (RJ)

Rio – Guandu
Construção – Primeira etapa: década de 1950. Segunda etapa: década de 1990
Data do evento – Março de 1997
Tipo de documentação – Técnica

C3.1 Descrição do sistema

A Estação de Tratamento de Água do Guandu (ETA Guandu) é a maior estação de tratamento de água potável do mundo, responsável pelo abastecimento à população da região metropolitana do Rio de Janeiro. Implantada em 1955, passou por sucessivas ampliações, até alcançar a produção média de 45 m³/s.

O rio Guandu nasce do encontro do ribeirão das Lajes com o rio Santana, no município de Paracambi, no Estado do Rio de Janeiro. Em seu trecho final, que foi retificado, é conhecido como canal de São Francisco. Com 63 km de extensão, o rio Guandu cruza o território de oito municípios, até desembocar na baía de Sepetiba. A captação da água para a ETA ocorre após 43 km de percurso do rio, no município de Nova Iguaçu (Fig. C3.1), à margem da antiga rodovia Rio-São Paulo, no km 22.

A captação da água no rio Guandu envolve uma série de estruturas, visualizadas na Fig. C3.2, das quais as principais são: uma barragem de nível com sete comportas, uma barragem auxiliar com três comportas, uma barragem flutuante, duas tomadas d'água construídas em épocas diversas, com canais de purga, seguidas por túneis que levam aos canais desarenadores.

Ao chegar à estação de tratamento, a água é submetida a uma série de processos e é encaminhada para a estação de bombeamento do Lameirão, a uma distância de 10.800 m, através de uma sucessão de túneis e aquedutos, entre os denominados Lotes 2 a 7. O esquema geral de tratamento é documentado, de forma sumária, no fluxograma da Fig. C3.3.

Fig. C3.1 *Sistema Guandu – subsistema Lameirão – planta*
Fonte: Cedae (s.d.).

Fig. C3.2 *Estruturas de captação*
Fonte: Cedae (s.d.).

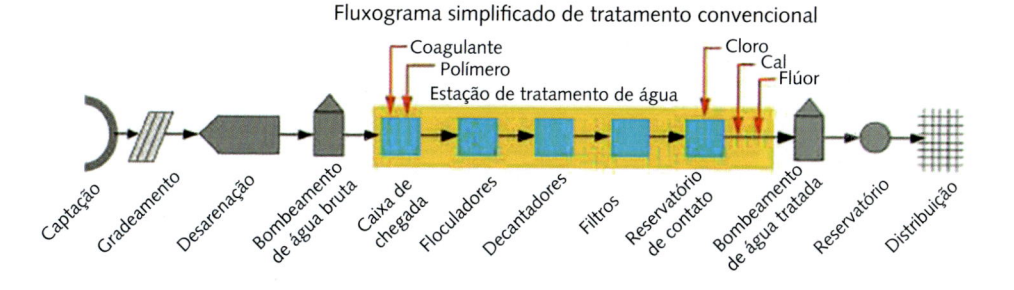

Fig. C3.3 *Sistema Guandu – fluxograma de tratamento convencional*
Fonte: Cedae (s.d.).

O túnel entre os Lotes 2 e 7 se desenvolve em sifão sob a chamada baixada de Campo Grande, onde se situa a uma profundidade que varia entre 23 m e 64 m, e em seguida alcança a elevatória do Lameirão (Fig. C3.4).

A estação elevatória do Lameirão é constituída por uma caverna com 70.000 m³ de volume, escavada em rocha gnáissica, com piso 64 m abaixo da superfície do terreno, alimentada por dois túneis principais e cercada por um conjunto de outras cavidades, entre as quais poços de elevadores, de cabos e de aeração, galerias de acesso, chaminé de equilíbrio, salas de bombas e de válvulas (ver Fig. I.2, na primeira parte do livro). Todas as cavidades foram, aparentemente, tratadas apenas com concreto projetado.

O túnel adutor, proveniente da ETA Guandu, atinge a caverna pela sala de válvulas. A água é conduzida para a sala de bombas e recalcada por dois poços (norte e sul) de 2,75 m de diâmetro, na altura de 117 m, para ser em seguida vertida para o túnel Lameirão-Urucuia, o maior trecho de túnel em rocha do sistema, com 21.425 m de extensão, não pressurizado, funcionando como canal. Esse túnel-canal se dirige para o túnel Engenho Novo-Macacos, já na zona sul da cidade do Rio de Janeiro, no Jardim Botânico, através das rochas gnáissicas das serras dos Pretos Forros, da Tijuca e da Carioca, com comprimento de 7,3 km e seção arco-retângulo de 6,5 m², piso de concreto e paredes verticais de alvenaria.

C3.2 Descrição dos acidentes

A partir do início da operação da adutora, foram registradas rupturas em diversos locais e em diversas épocas, ao longo do sistema de túneis, que foi posto em carga no início de 1966. Uma súbita queda de pressão na elevatória do Lameirão, em abril de 1967, indicou a ocorrência de uma ruptura que, após estudos e mergulho no Lote 2,

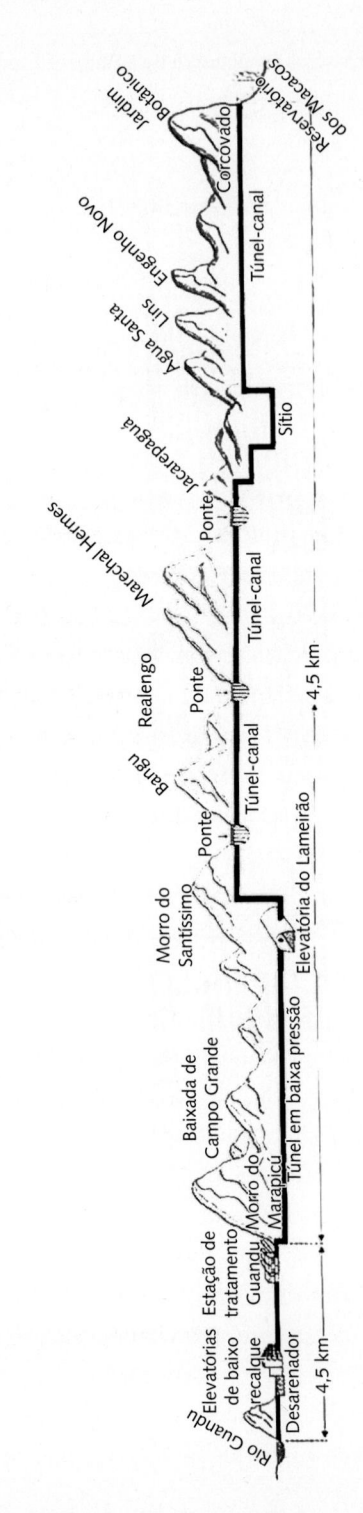

Fig. C3.4 *Perfil esquemático da adutora do Guandu*
Fonte: Santa Ritta (2009).

foi identificada como grande desmoronamento próximo ao Pedregulho. Após alguns anos de persistência do problema, que afetava a vazão de água disponível, deu-se início ao esvaziamento do túnel para a recuperação dos trechos afetados. Para tanto, foram novamente abertos os poços da época da construção – de Marinha, Pedregoso, Mendanha, Posse e Lameirão – e neles foram instaladas bombas de sucção, que esgotaram os túneis.

Foi também aberto um túnel inclinado, com cerca de 400 m de extensão, no trecho Mendanha-Pedregoso, para facilitar a remoção dos detritos e a entrada de materiais e equipamentos necessários aos trabalhos de recuperação. O desmoronamento, com cerca de 8 m de extensão, obstruía por inteiro a seção do túnel, "sendo difícil imaginar como era possível passar, ainda, cerca de 3 m³ por segundo" (Santa Ritta, 2009, p. 333).

A seção do túnel no Lote 2 foi inteiramente consolidada com injeções de cimento, para em seguida ser novamente perfurado o trecho de 8 m, que foi escorado e dotado de cambotas circulares de aço, além de revestido com concreto.

Vaz (1978) registrou a ocorrência de um grande desabamento junto ao poço do Mendanha, em um trecho de túnel no Lote 7, onde ocorriam diques intemperizados de rochas alcalinas, inseridos em migmatitos do Pré-Cambriano e marcados pela presença de planos de falhamento e de argilas expansivas. Ele afirmou que o trecho foi isolado, injetado e, a seguir, reperfurado. O restante do túnel foi vistoriado, não se tendo constatado outros desabamentos, mais sondagens foram feitas em toda a extensão e reforços foram realizados nos locais necessários. Ao término dos trabalhos, foi restituída ao sistema a capacidade de adução de 27 m³/s.

C3.3 Causas dos acidentes

Ao longo do túnel de adução de água dos denominados Lotes 2 a 7, entre a estação de tratamento do Guandu e a elevatória do Lameirão, ocorriam feições geológicas que comprometeram sua estabilidade, gerando rupturas após a entrada em operação. O maciço gnáissico regional exibia sinais de intenso tectonismo, com presença de falhas e diques de diabásio, além de intrusões alcalinas e presença de pegmatitos. Carvalho (1998) registrou que, nos estudos realizados para identificar as causas dos desabamentos no Lote 2, foram encontradas argilas expansivas comumente associadas a diques alcalinos e filmes de argila preenchendo juntas do migmatito, nesse caso provavelmente produzidas por alteração hidrotermal.

No Lote 7 foram constatadas seis grandes rupturas, cinco das quais associadas aos diques de diabásio e a zonas pegmatíticas. Um dos colapsos afetou a abóbada em um trecho de 14 m de extensão, entrando 2,5 m na parede. Essa ocorrência foi causada por um dique de diabásio milonitizado que, no contato com a rocha encaixante, continha filmes de argila expansiva. Na zona pegmatítica, a causa da ruptura poderia estar relacionada à liberação de tensões virgens.

Referências bibliográficas

CARVALHO, N. S. *Os condicionantes geológico-geotécnicos na ocupação do espaço subterrâneo no município do Rio de Janeiro.* 137 f. Dissertação (Mestrado) – Universidade Federal do Rio de Janeiro, 1998.

CBT – COMITÊ BRASILEIRO DE TÚNEIS; ABMS – ASSOCIAÇÃO BRASILEIRA DE MECÂNICA DOS SOLOS E ENGENHARIA GEOTÉCNICA. *Túneis do Brasil.* São Paulo: DBA, 2006. 327 p. Sistema Guandu: p. 216.

CEDAE – COMPANHIA ESTADUAL DE ÁGUAS E ESGOTOS DO RIO DE JANEIRO. *Guandu – Guinness World Record.* 2005. 16 p.

CEDAE – COMPANHIA ESTADUAL DE ÁGUAS E ESGOTOS DO RIO DE JANEIRO. *Sistemas de abastecimento de águas da cidade do Rio de janeiro, com ênfase no Guandu.* [s.d.]. 51 p.

SANTA RITTA, J. *A água do Rio: do Carioca ao Guandu – a história do abastecimento de água da cidade do Rio de Janeiro.* Synergia, 2009. 346 p.

VAZ, L. F. Casos históricos na Geologia de Engenharia. Relato sobre o tema. In: CONGRESSO DA ABGE, 2., 1978, São Paulo, SP. v. 3, tema II, p. 33-35.

CASO 4
ITAPEBI (BA)

Rio – Jequitinhonha
Construção – Outubro de 1999 a fevereiro de 2003
Data do evento – 7 de julho de 2001
Tipo de documentação – Técnica

A hidrelétrica de Itapebi, situada no rio Jequitinhonha, no município de Itapebi, no sul do Estado da Bahia, é concessão da Itapebi Geração de Energia S.A., do Grupo Iberdrola. As obras foram iniciadas em outubro de 1999 e finalizadas em fevereiro de 2003, com o início da geração comercial da primeira das três unidades Francis.

A barragem é de enrocamento com face de concreto (Fig. C4.1). As estruturas de geração se concentram na ombreira direita, enquanto o vertedouro e os túneis de desvio ocupam a ombreira esquerda.

C4.1 Túneis de desvio

Os túneis de desvio, numerados de 1 a 3 da direita para a esquerda hidráulica, possuem a mesma seção, mas extensões diferentes, de 578,80 m, 690,92 m e 729,30 m, respectivamente. A Fig. C4.2 mostra o arranjo dos túneis em planta.

Os túneis diferem também em declividade, uma vez que seus emboques se localizam em cotas diferenciadas. O túnel 1 (da direita hidráulica) tem seu canal de aproximação escavado na cota 20,00 m, enquanto o canal a montante dos túneis 2 e 3 se situa na cota 30,00 m. Essa diferença de cota se destina a facilitar as operações de tamponamento dos túneis ao final das obras (Fig. C4.3).

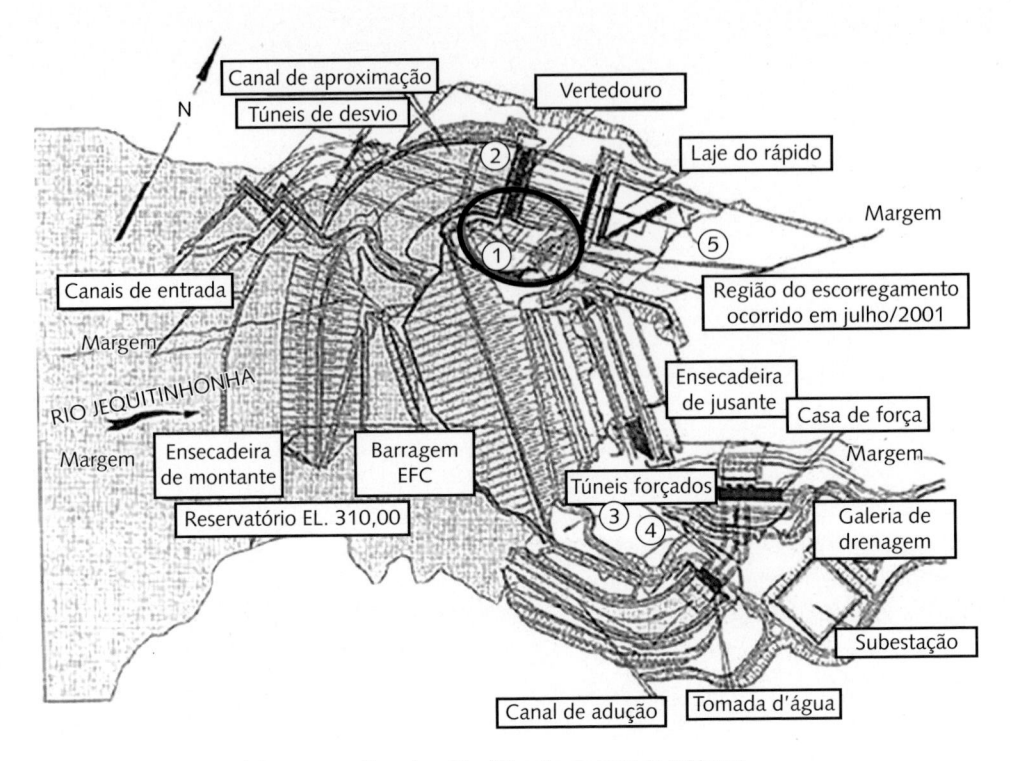

Fig. C4.1 *Arranjo geral do empreendimento e identificação do local do acidente*
Fonte: Resende et al. (2003).

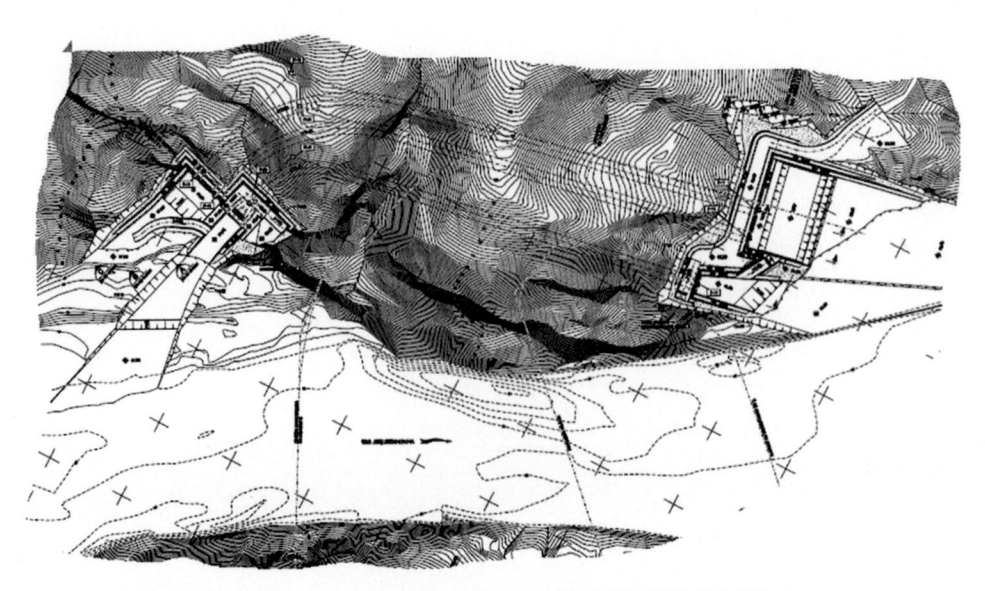

Fig. C4.2 *Arranjo dos túneis de desvio em planta (desenho ITP-DS1E-DR40-001-00)*

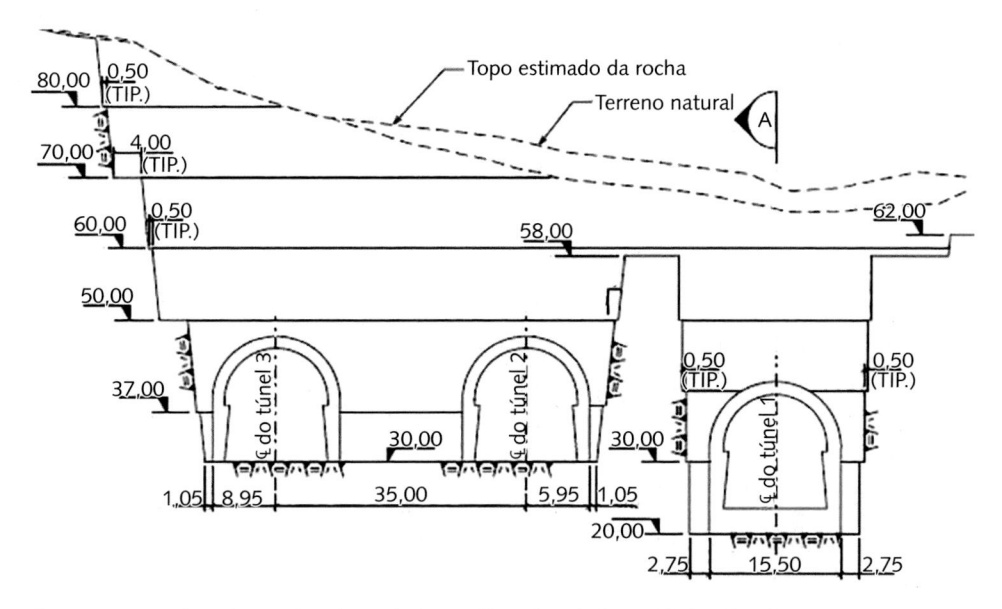

Fig. C4.3 Vista do emboque dos túneis de desvio (desenho ITP-DS1E-DR43-002-00)

C4.2 Maciço rochoso

O maciço rochoso local é constituído por gnaisses graníticos, intercalados com lentes e camadas sub-horizontais de biotita-xisto(BX)/anfibolito(AF). O tectonismo atuou intensamente na região, sendo o maciço percorrido por zonas de cisalhamento e falhamentos subverticais. As juntas de alívio são frequentes e bem pronunciadas, favorecendo a infiltração de água em profundidade e a consequente alteração das camadas de BX/AF, principalmente em seu contato com o gnaisse granítico (Fig. C4.4).

As camadas e as lentes de BX/AF apresentam ondulações em escala decamétrica a centimétrica e atingem extensão maior do que 500 m. Sua espessura varia entre 0,20 m e 3,00 m, enquanto o horizonte de granito-gnaisse intercalado entre as camadas varia de 5 m a 20 m. Os planos formados pelas camadas e pelas lentes de BX/AF mergulham entre 10° e 20° para nordeste, isto é, para jusante e para a margem esquerda, podendo apresentar inflexões de mergulho localizadas da ordem de 30°. Ao longo das camadas e das lentes de BX/AF, o grau de intemperismo varia em função da maior ou da menor exposição aos agentes do intemperismo, facilitado pela presença de outras estruturas geológicas, quais planos de diaclasamento e falhamento (Fig. C4.5).

A elevada continuidade das camadas de BX/AF, mantendo paralelismo entre si, permitiu que fossem individualizadas e identificadas com clareza, a ponto de terem sido nomeadas por letras, sucessivamente, em ordem crescente de cima para baixo.

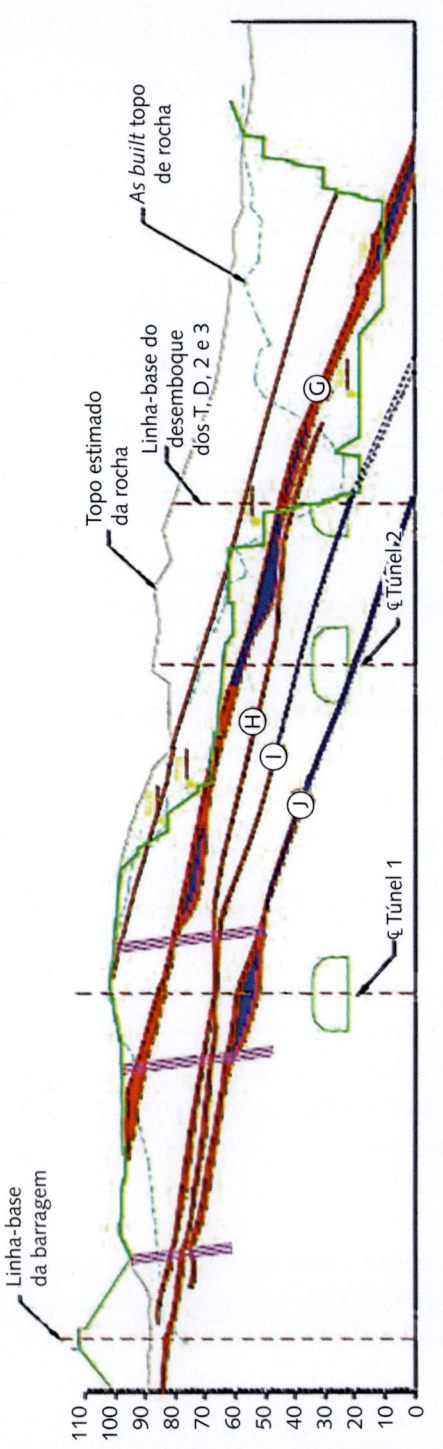

Fig. C4.4 *Seção transversal indicativa da superfície de deslizamento (camada G), com as camadas de BX/AF, sendo as vermelhas mais alteradas e as azuis menos alteradas.*

Fonte: Nieble (2008).

Fig. C4.5 *Aspecto típico do maciço local, com intercalações de camadas de BX/AF no granito-gnaisse*
Fonte: Kanji (2017).

Na ombreira esquerda, na área da barragem, do vertedouro e dos túneis de desvio, as camadas mapeadas foram denominadas pelas letras E, F, G, H, I e J.

C4.3 Descrição do acidente

Em 7 de julho de 2001, na etapa construtiva, um escorregamento de grandes proporções ocorreu na área do vertedouro, localizado na ombreira esquerda da barragem, envolvendo o lado direito hidráulico da escavação para o vertedouro e parte da calha do vertedouro. Os túneis de desvio não tiveram participação ativa no processo de ruptura, mas foram atingidos, em maior ou menor intensidade, pelos escombros da massa rochosa que se movimentou.

O acidente não ocorreu de improviso, visto que a parede direita de escavação emitiu sinais durante vários dias antes do evento principal, soltando lascas e blocos de rocha que se destacavam de forma alinhada ao longo da camada G de BX/AF. Foi, então, possível documentar todo o processo de ruptura, isolando a área e retirando trabalhadores e equipamentos (ainda assim, ocorreu uma fatalidade). A Fig. C4.6 documenta o destaque de lascas e blocos de rocha na parede nos dias que antecederam

Fig. C4.6 *Destaque de lascas de rocha ao longo da camada G de BX/AF*
Fonte: Kanji (2017).

o evento. A presença de concreto projetado revestindo a parede apenas ressaltou os locais de destaque, sem ter contribuído efetivamente para a preservação dela.

A sinalização do evento foi também obtida através da medição de deslocamentos em pinos de referência, implantados na face do talude em sua porção jusante. O monitoramento teve a duração de cerca de quatro meses e os deslocamentos acumulados somaram cerca de 20 cm (Fig. C4.7).

A partir do início de junho de 2001, os movimentos passaram a apresentar uma taxa de incrementos significativos tanto dos deslocamentos horizontais quanto dos verticais (Fig. C4.8). A massa monitorada se deslocou como um bloco monolítico no

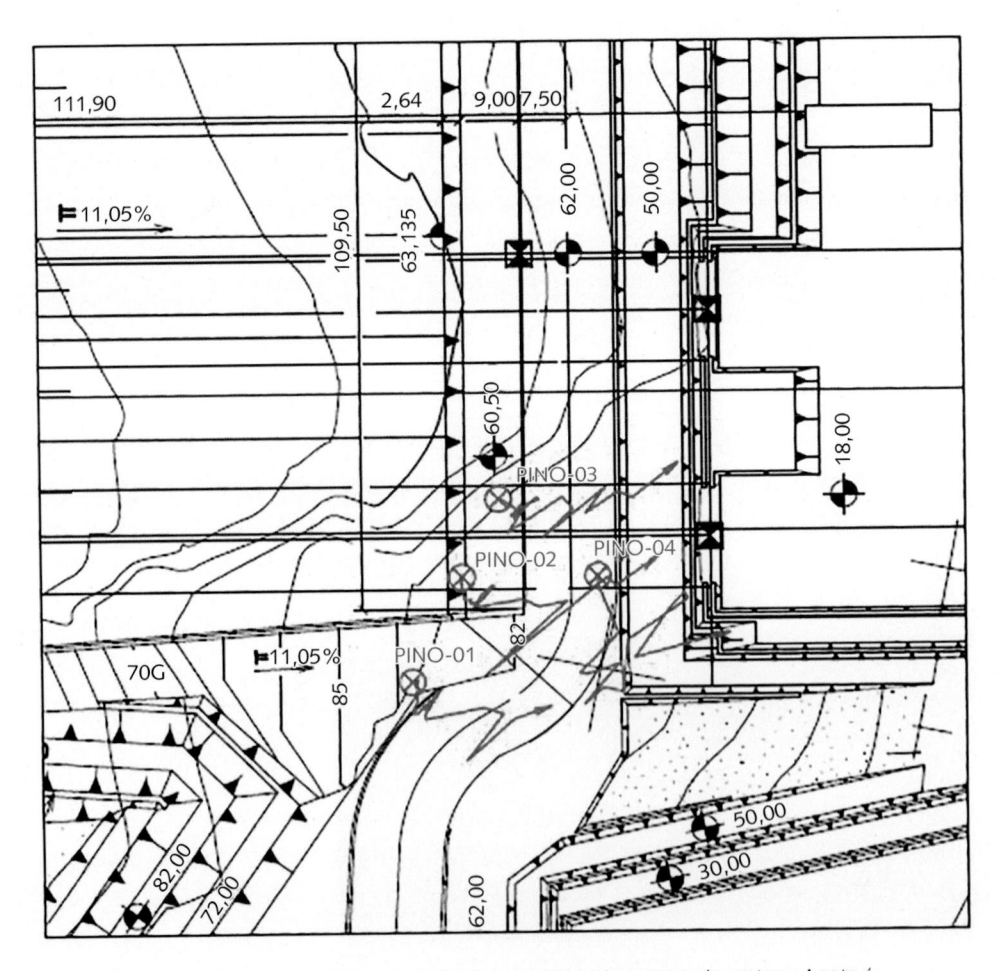

Fig. C4.7 *Trajetória de deslocamentos acumulados nos quatro pinos antes da ruptura. A seta é indicativa do fluxo*
Fonte: Kanji (2017).

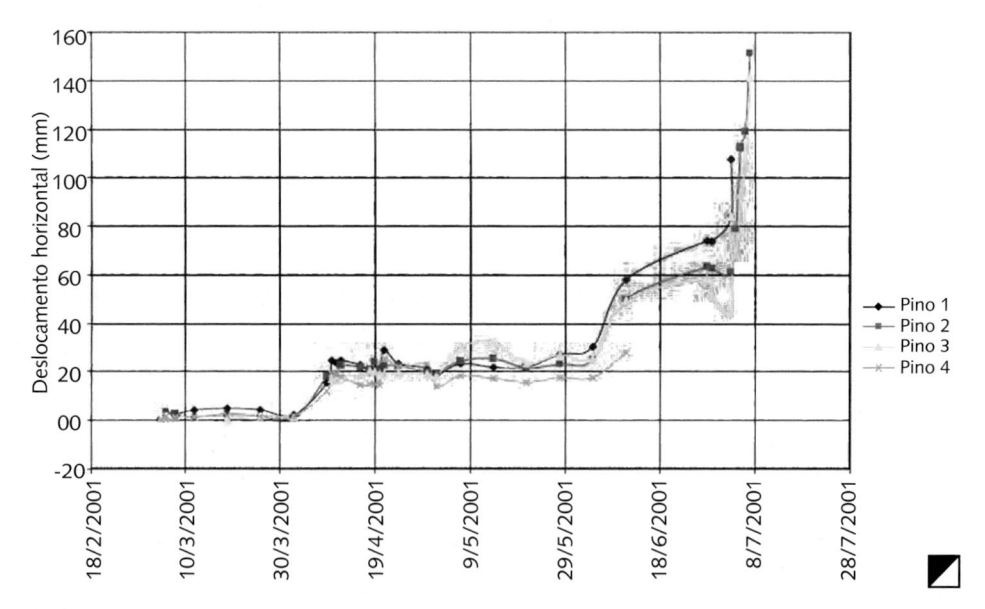

Fig. C4.8 *Trajetória de deslocamentos dos marcos superficiais (pinos) (relatório ITP-RT2E-VT-4-002-C)*

sentido do desemboque dos túneis 2 e 3. Os gráficos registram a aceleração nos dias que antecederam o colapso, quando os deslocamentos horizontais passaram a ser da ordem de 20 mm a 30 mm a cada 24 h.

As formas de tratamento implementadas não foram suficientes para conter a movimentação, tendo então ocorrido a desarticulação de todo o maciço, seguida pelo colapso. No escorregamento acima do desemboque dos túneis de desvio, onde teve início o processo, as feições geológicas que desconfinaram os blocos acima da camada G pertenciam às famílias N40°E e N30°W, subverticais. Já no desmoronamento da parede direita do vertedouro, para onde a desarticulação do maciço se propagou, predominaram as descontinuidades subverticais E-W e N-S (Fig. C4.9).

O volume de rocha envolvido no escorregamento foi da ordem de 170.000 m³, constituído por uma massa com cerca de 200 m de extensão, largura de 30 m e altura da ordem de 30 m, que se movimentou ao longo do plano bem definido e de baixa declividade (cerca de 13°, em média) da camada G, tendo a massa rochosa se deslocado por cerca de 20 m, fragmentando-se e desestruturando-se no trajeto (Figs. C4.10 e C4.11).

C4.4 Áreas atingidas

Além de atingir em cheio a área de escavação do vertedouro, a massa escorregada se desintegrou e parcelas volumosas de rocha seguiram rumo a jusante, até a trajetória

Fig. C4.9 *Principais famílias de descontinuidades condicionantes da movimentação na lateral direita da escavação do vertedouro (relatório ITP-RT2E-VT41-002-A)*

Fig. C4.10 *Momento do colapso da massa de rocha sobreposta à camada G de BX/AF (relatório ITP-RT2E-VT41-002-A)*

Fig. C4.11 *Desestruturação da massa de rocha sobreposta à camada G de BX/AF, virando um amontoado de blocos, após movimentação de cerca de 20 m para jusante*
Fonte: Kanji (2017).

dessas parcelas ser interrompida ao entulharem a escavação a jusante do desemboque dos túneis 2 e 3. A Fig. C4.12 documenta a área de escavação a jusante dos referidos túneis conforme o projeto.

Durante o acidente, os túneis 2 e 3 permaneciam secos, porque o desvio do rio estava ocorrendo somente através do túnel 1, cujo emboque se situa 10 m abaixo dos outros túneis. A Fig. C4.13 documenta o aspecto da área do vertedouro e dos túneis de desvio ao final do escorregamento. Observa-se que os túneis 2 e 3 tiveram sua área de desemboque entulhada, enquanto o túnel 1 aparenta não ter sofrido as consequências do acidente.

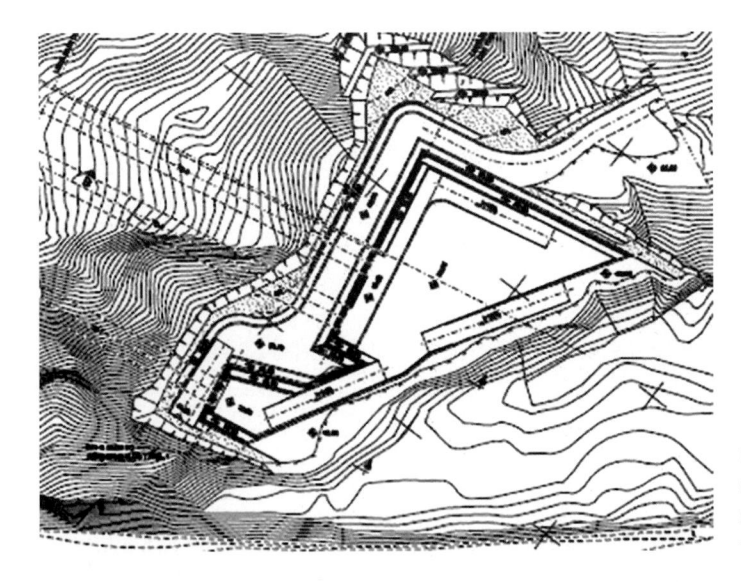

Fig. C4.12 Desemboque dos túneis de desvio em planta (desenho ITP-DE1E--DR43-006-00)

C4.5 Consequências do acidente

O acidente não ocorreu de maneira súbita, uma vez que diversos sinais foram observados nos dias e nas horas que antecederam o colapso, dando margem a que a área fosse isolada. Ainda assim, registrou-se uma fatalidade, tendo um trabalhador sido atingido pelos escombros.

As consequências foram severas, tanto no que se refere à necessidade de adoção de medidas de recuperação da área, com significativas mudanças no projeto, quanto pela paralisação das obras, com consequente reflexo no cronograma, no qual havia sido prevista uma antecipação na finalização da construção.

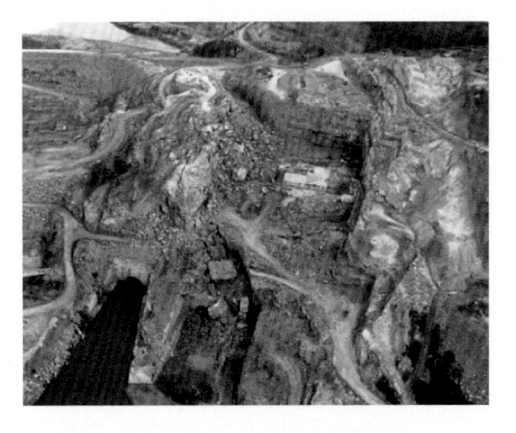

Fig. C4.13 Área de escavação do vertedouro e desemboque dos túneis de desvio 2 e 3 atingidos pelo escorregamento
Fonte: Nieble (2008).

A natureza incomum e o caráter imprevisto de um evento dessa magnitude levaram a uma investigação minuciosa de suas causas, e o foco recaiu na reavaliação dos parâmetros de resistência das camadas alteradas de biotita-xisto/anfibolito, para as quais havia se admitido no projeto uma coesão de 0,02 MPa e um ângulo de atrito de 17°, com base em campanha de ensaios triaxiais e de cisalhamento direto em amostras indeformadas representativas das camadas de biotita-xisto/anfibolito.

Por sua magnitude e importância, uma das consequências principais desse acidente foi que, a partir dele, passou a ser adotada em contratos EPC uma cláusula relativa a risco geológico.

C4.6 Parâmetros de projeto

Nas análises de estabilidade elaboradas por ocasião do projeto, os parâmetros geomecânicos adotados para o maciço rochoso foram obtidos por meio de ensaios de laboratório em amostras indeformadas retiradas das camadas de biotita-xisto/anfibolito com diferentes graus de intemperismo. Os menores valores da resistência de pico obtidos nesses ensaios foram: ângulo de atrito = 17° e coesão na ruptura = 0,02 MPa.

Após o acidente, foi adotada nas análises a condição de mobilização da resistência residual, considerando para as camadas de biotita-xisto/anfibolito subjacentes, H e I, um ângulo de atrito de 12° e coesão igual a zero, parâmetros obtidos a partir de uma revisão dos ensaios de laboratório e através da retroanálise do escorregamento. A Tab. C4.1 apresenta os parâmetros dos materiais utilizados nas análises. Uma nova campanha de ensaios realizada no laboratório de Furnas em amostras de BX/AF coletadas em ambas as margens confirmou esses parâmetros para a condição de resistência residual.

Tab. C4.1 Parâmetros adotados na revisão do projeto (relatório MT2E-BP43-001-0)

Material	Peso específico (γ) (tf/m³)	Coesão (C) (MPa)	Atrito (ϕ) (°)
Granito-gnaisse	2,60	0,0	35
Biotita-xisto/anfibolito	1,80	0,0	12
Enrocamento	2,10	0,0	41

A Fig. C4.14 apresenta os resultados de ensaios de cisalhamento em laboratório em amostras indeformadas de BX/AF. A retroanálise indicou ângulo de atrito semelhante ao residual.

C4.7 Medidas de recuperação

Após a reavaliação dos parâmetros de resistência, foram novamente analisadas as condições de estabilidade das estruturas da barragem, ao longo de suas fundações, tendo sido então considerado necessário reforçar as fundações de quase todas as

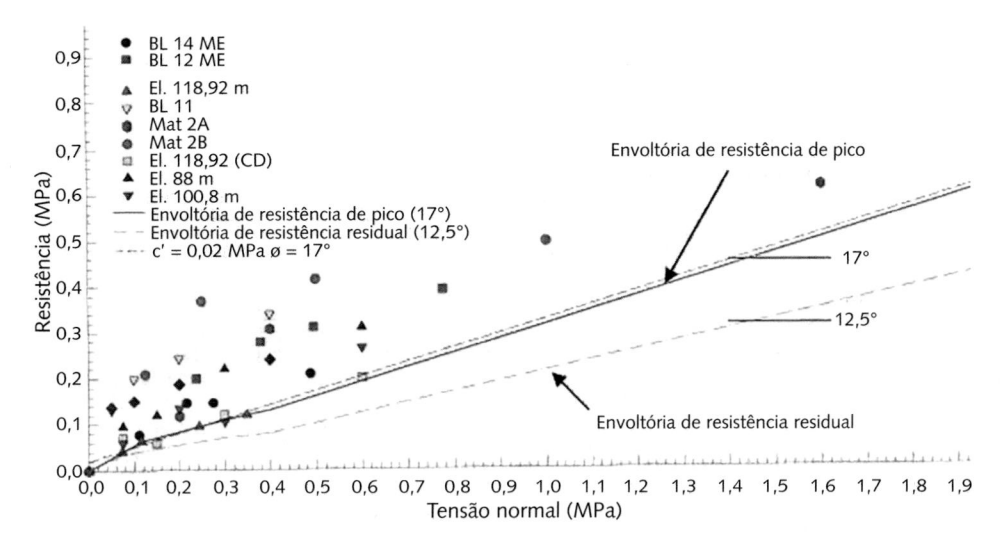

Fig. C4.14 *Resultados de ensaios de cisalhamento em amostras indeformadas*
Fonte: Kanji (2017).

estruturas. Na ombreira esquerda, foram analisadas as condições de estabilidade ao longo de quatro seções, representadas na Fig. C4.15.

A Fig. C4.16 mostra os diagramas de esforços referentes à análise de estabilidade da camada I de biotita-xisto/anfibolito intemperizado.

As seções planares analisadas indicaram a necessidade de reforço das camadas H e I para garantir a estabilidade na ombreira esquerda da barragem. Esse reforço deveria ser obtido (como de fato foi) através da execução de chavetas escavadas em galerias e preenchidas com concreto e pela inserção de uma galeria de drenagem escavada em rocha para a redução da subpressão nas camadas de biotita-xisto/anfibolito da fundação.

As análises indicaram a necessidade de execução de no mínimo três chavetas interceptando a camada H e de cinco interceptando a camada I. Entre as várias alternativas, foram escolhidas as intervenções subterrâneas, por permitirem a execução simultânea de reforço das fundações e das superestruturas, com um mínimo de interferência com os demais serviços da obra, o que possibilitou a manutenção do cronograma de contrato.

Assim, as soluções adotadas consistiram em:
- reforço das fundações através de chavetas em concreto, implantadas ao longo de túneis ou trincheiras escavadas em rocha, de modo a interceptar as camadas de biotita-xisto/anfibolito;

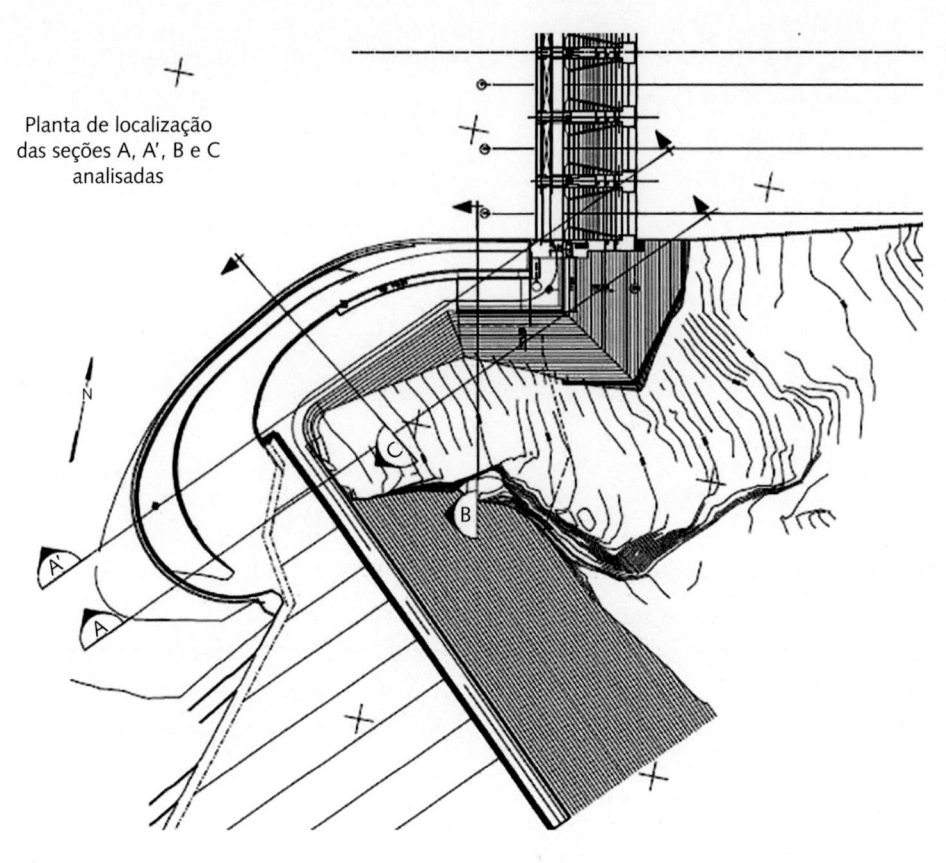

Fig. C4.15 *Planta de localização das seções analisadas na ombreira esquerda da barragem (relatório ITP-MT2E-BP43-001-00)*

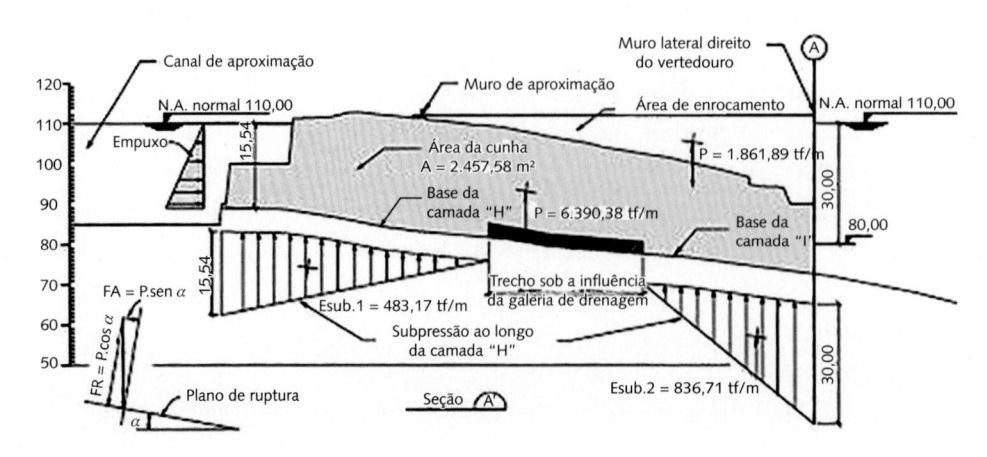

Fig. C4.16 *Diagrama de esforços na análise da camada I – ombreira esquerda (relatório ITP-MT2E-BP43-001-00)*

- escavação de túneis de drenagem complementares nas ombreiras, para auxiliar no alívio das subpressões;
- atirantamento de camadas de biotita-xisto/anfibolito pouco profundas, de modo a permitir a abertura dos túneis e a concretagem das chavetas com segurança.

Foram reforçadas as fundações do vertedouro na área da estrutura principal, das calhas e dos defletores, das ombreiras da barragem e do maciço a montante da casa de força (parede lateral esquerda) (Figs. C4.17 e C4.18). O plano original de monitoramento foi intensificado, principalmente na região das ombreiras da barragem, de modo a verificar a eficiência das formas de tratamento implementadas e avaliar o grau de segurança das obras.

C4.8 Causas do acidente

As causas do acidente foram atribuídas a fatores geológicos de difícil previsibilidade, representados pelas condições de resistência residual associadas às camadas de biotita-xisto/anfibolito. Embora as camadas intemperizadas de biotita-xisto(BX)/anfibolito(AF) fossem bem conhecidas, tendo condicionado o desenvolvimento do

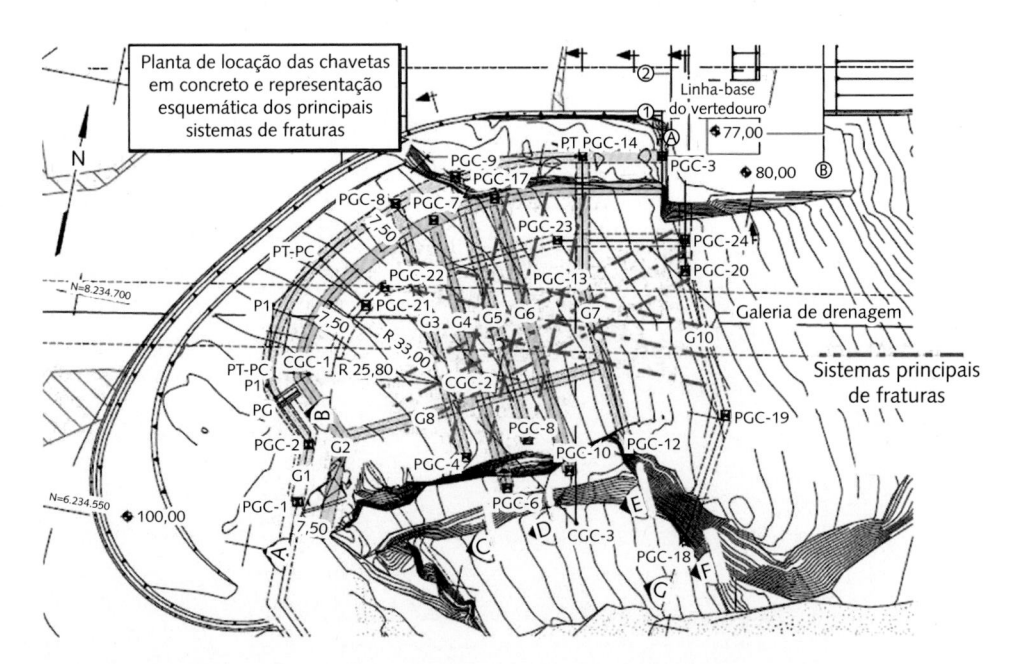

Fig. C4.17 *Ombreira esquerda – principais famílias de fraturas e localização das chavetas (relatório MT2E-BP43-001-0)*

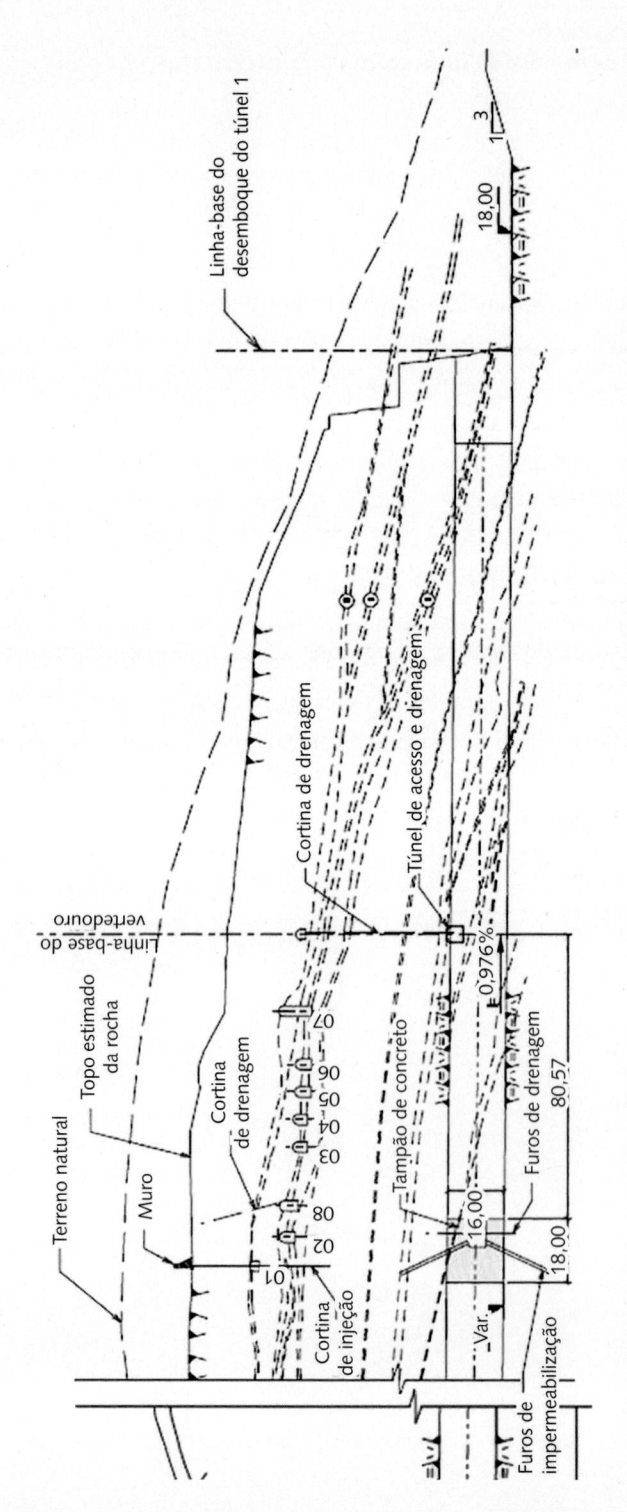

Fig. C4.18 *Reforço das fundações sob a ogiva do vertedouro através de trincheiras e chavetas de concreto (desenho DS2E-DR41-030-2)*

projeto em todas as etapas, suas características geomecânicas, obtidas através de ensaios de laboratório, foram determinadas em valores que se revelaram superiores aos reais, quando do acidente. Suas condições reais de resistência somente foram identificadas no decorrer da construção, quando foi possível verificar que as referidas camadas exibiam estrias de fricção, sinalizando movimentação prévia, que poderia ser atribuída a reativações tectônicas recentes ou ao alívio de tensões decorrente do aprofundamento do vale fluvial. Uma vez constatada a condição pré-cisalhada das camadas de BX/AF ao longo de grandes extensões, passou-se a adotar nas análises de estabilidade os parâmetros correspondentes à resistência residual.

Referências bibliográficas

ITAPEBI GERAÇÃO DE ENERGIA S.A. Diversos documentos de projeto e de "como construído".

KANJI, M. A. *Obras em rocha*: influência da Geologia. PEF 2507 (USP). São Paulo, 2017. 126 p.

NIEBLE, C. M. Causas dos acidentes devidos às condições geológicas: por uma volta ao passado. In: CONGRESSO BRASILEIRO DA ABGE, 12., 2003. Mesa-redonda 1: acidentes em obras. 22 p.

NIEBLE, C. M. Riscos geológico-geotécnicos na construção de hidrelétricas: os casos de Camará, Itapebi, e usinas do Sul do Brasil. In: SIMPÓSIO DE PRÁTICA DE ENGENHARIA GEOTÉCNICA DA REGIÃO SUL, 5., 2006, Porto Alegre. p. 111-115.

RESENDE, F. D.; ALBERTONI, S. C.; MORAES, R. B.; PEREIRA, R. F. UHE Itapebi: tratamentos especiais das fundações. In: SEMINÁRIO NACIONAL DE GRANDES BARRAGENS, CBDB, 25., 2003, Salvador. Tema 92 – A33. 18 p.

CASO 5

USINA HIDRELÉTRICA MACABU (RJ)

Rio – Macabu
Construção – entre 1950 e 1960
Data do evento – 4 de fevereiro de 1961
Tipo de documentação – Técnica

Em 4 de fevereiro de 1961, decorridos poucos dias desde o término do enchimento do reservatório, o túnel de adução da usina hidrelétrica Macabu, no Estado do Rio de Janeiro, sofreu ruptura em sua seção, do lado esquerdo hidráulico, nas vizinhanças da chaminé de equilíbrio. O volume de água despejado pelo vão rompido ao longo da encosta gerou uma corrida de detritos, com grande quantidade de blocos de rocha, solo e vegetação, que alcançou a área da casa de força, danificando-a e paralisando a geração de energia. Uma solução emergencial foi imediatamente colocada em prática, consistindo na instalação de duas tubulações de aço, sobrepostas e apoiadas sobre berço de concreto e instaladas no interior do túnel, no trecho rompido, numa extensão de aproximadamente 200 m, de modo a poder reativar o fluxo d'água. Em menos de dois meses, foi possível retomar a geração de energia. Graças ao meticuloso registro das operações levadas a termo naquela oportunidade, realizado pelos técnicos da Empresa Fluminense de Energia Elétrica S.A. (EFE), foi possível resgatar a memória dos fatos ocorridos e conhecer as causas do acidente.

C5.1 Localização

A PCH Macabu se situa no rio Macabu, no município de Trajano de Morais, nas vizinhanças da Vila da Grama, localizando-se a barragem nas coordenadas geográficas 22°08'21" S e 42°05'52" W (Fig. C5.1).

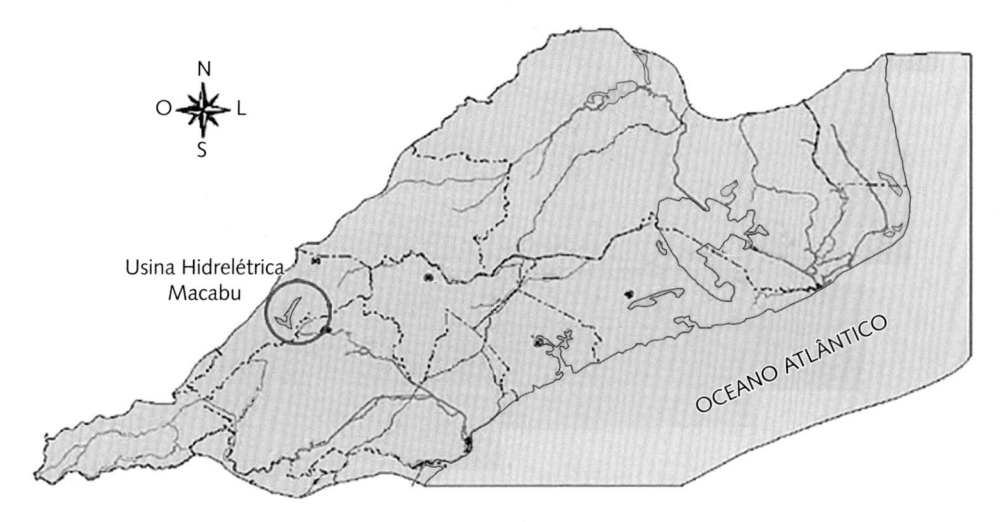

Fig. C5.1 *Localização da usina hidrelétrica Macabu (assinalada pelo círculo) – macrorregião ambiental MRA-5 – Estado do Rio de Janeiro*
Fonte: SEMADS (2001).

O acesso ao local, a partir do Rio de Janeiro, dá-se pela BR-101, que se dirige a Campos. No km 151, encontra-se, rumo ao norte, a estrada RJ-162, não pavimentada, que leva à Vila da Grama, passando por Atalaia, Córrego do Ouro e Glicério, numa distância de 67 km daquele entroncamento. Outra possibilidade de acesso se dá a partir da cidade de Trajano de Morais, situada a norte do sítio da usina, através da própria RJ-162, rumo ao sul e à distância de 23 km. O acesso à casa de força, que se situa na bacia do rio São Pedro, nas coordenadas geográficas 22°13'37" S e 42°06'01" W, ocorre a partir da vila de Glicério, pela estrada de rodagem RJ-67, distando cerca de 6 km.

C5.2 Breve histórico de projeto e construção

A construção da usina hidrelétrica Macabu se estendeu por duas décadas. O projeto da usina, elaborado pelo eng. Edmundo Franca Amaral no começo da década de 1930, previa a transposição das águas do rio Macabu, no município de Trajano de Morais, a 630 m de altitude, para o rio São Pedro, no município de Macaé, a 300 m de altitude. A serra dos Crubixais, localizada entre os vales das duas bacias hidrográficas, teria que ser vencida por um túnel de 4.907 m de comprimento. A usina, cuja potência total era estimada, na época, em 33.500 kW, deveria atender à demanda da região centro-norte.

Os trabalhos de construção de Macabu iniciaram-se em setembro de 1939, sob a supervisão de técnicos brasileiros e japoneses da Hitachi, vencedora da concorrência internacional, comandados por Franca Amaral. Com o início da Segunda Guerra

Mundial, entretanto, os trabalhos passaram a se desenvolver em ritmo lento, devido às dificuldades de captação de recursos e importação de equipamentos. Em 1942, com a entrada do Brasil na guerra ao lado dos aliados, o contrato com a firma japonesa foi suspenso e os trabalhos ficaram sob a responsabilidade direta da Comissão da Central de Macabu (CCM).

O término do conflito mundial, em maio de 1945, não foi suficiente para reverter o quadro de dificuldades financeiras, tanto é que em 1947 a construção da hidrelétrica, que já se arrastava por cerca de uma década, foi praticamente paralisada. Nesse ano, porém, o governo estadual contratou a Servix e a Empresa Brasileira de Engenharia para concluir as obras de Macabu.

A usina hidrelétrica Macabu foi inaugurada em 29 de setembro de 1950, com a entrada em funcionamento de um grupo gerador de 3.000 kW de potência. No final de 1951 e no início de 1952, foram instaladas mais duas unidades geradoras, com 3.000 kW de potência cada uma, encerrando a primeira etapa da usina com 9.000 kW instalados.

Em meados de 1954 foi criada a Empresa Fluminense de Energia Elétrica S.A. (EFE), que assumiu os serviços a cargo da CCM. Sempre enfrentando dificuldades na obtenção de recursos, em 1956 a EFE contratou a construtora campista Morro Azul para executar os trabalhos. Essa medida, contudo, não surtiu o efeito desejado, tendo o governo do Estado contratado, em 1959, a Companhia Brasileira de Engenharia (CBE) para elaborar um plano de eletrificação para o Estado do Rio de Janeiro. Em meados de 1959 foram finalmente retomados os trabalhos em Macabu, num ritmo acelerado. Em junho do mesmo ano, a firma Grumbilf do Brasil iniciou a instalação das duas últimas unidades geradoras.

Em 4 de fevereiro de 1961, o túnel de adução da usina hidrelétrica Macabu sofreu um acidente severo, com ruptura total da seção. Após entendimento com a construtora Morro Azul para realização de obras de emergência, a usina voltou a funcionar no final de março de 1961. Em dezembro daquele ano as obras da segunda etapa foram finalmente concluídas, com a entrada em funcionamento das duas últimas unidades geradoras, com 6.000 kW de potência cada uma. Completava-se, assim, a capacidade instalada de Macabu com 21.000 kW, bem abaixo do total de 33.500 kW previstos em 1937.

C5.3 Descrição do aproveitamento

A usina hidrelétrica Macabu possui uma queda líquida de 333,80 m, sendo constituída por:

- barramento de concreto, em arco tipo gravidade, com 38 m de altura máxima e 285 m de comprimento, dotado de vertedouro com soleira livre, este com 60 m de comprimento (Fig. C5.2);
- tomada d'água em torre, localizada no reservatório, a 5 km de distância da barragem, com acesso através de uma ponte de concreto;
- a partir da tomada d'água, um conduto submerso em tubulação tipo Armco, que se conecta com o leito do rio;
- túnel escavado em rocha, com extensão de 4.907 m e duas chaminés definitivas, com acessos diferenciados;
- câmara de equilíbrio, ao final do túnel, com 9 m de diâmetro e 60 m de altura, em concreto;
- a jusante da câmara está localizada a casa das válvulas, uma estrutura constituída por cinco pórticos de concreto com a cobertura também em concreto armado;
- neste local ocorre o início do conduto forçado, a partir da estrutura de aço bifurcada lá instalada;
- dois condutos forçados em aço, apoiados em berços e blocos de concreto armado, ambos com 923 m de extensão, sendo que, próximo à casa de força, um dos condutos bifurca e o outro trifurca;
- casa de força do tipo abrigada em concreto armado, dotada de cinco turbinas (3×3 MW + 2×6 MW Pelton), com potência total instalada de 21 MW (Fig. C5.3).

A Fig. C5.4 apresenta a seção típica das principais estruturas, enquanto o croqui da Fig. C5.5 reúne de maneira esquemática todos os componentes do aproveitamento.

Fig. C5.2 *Barragem em arco gravidade (foto de 1999)*

Fig. C5.3 *Casa de força da PCH Macabu em primeiro plano e, no alto, a chaminé de equilíbrio. Os condutos metálicos cobrem uma queda de 330 m, aproximadamente*
Fonte: Freitas et al. (2014).

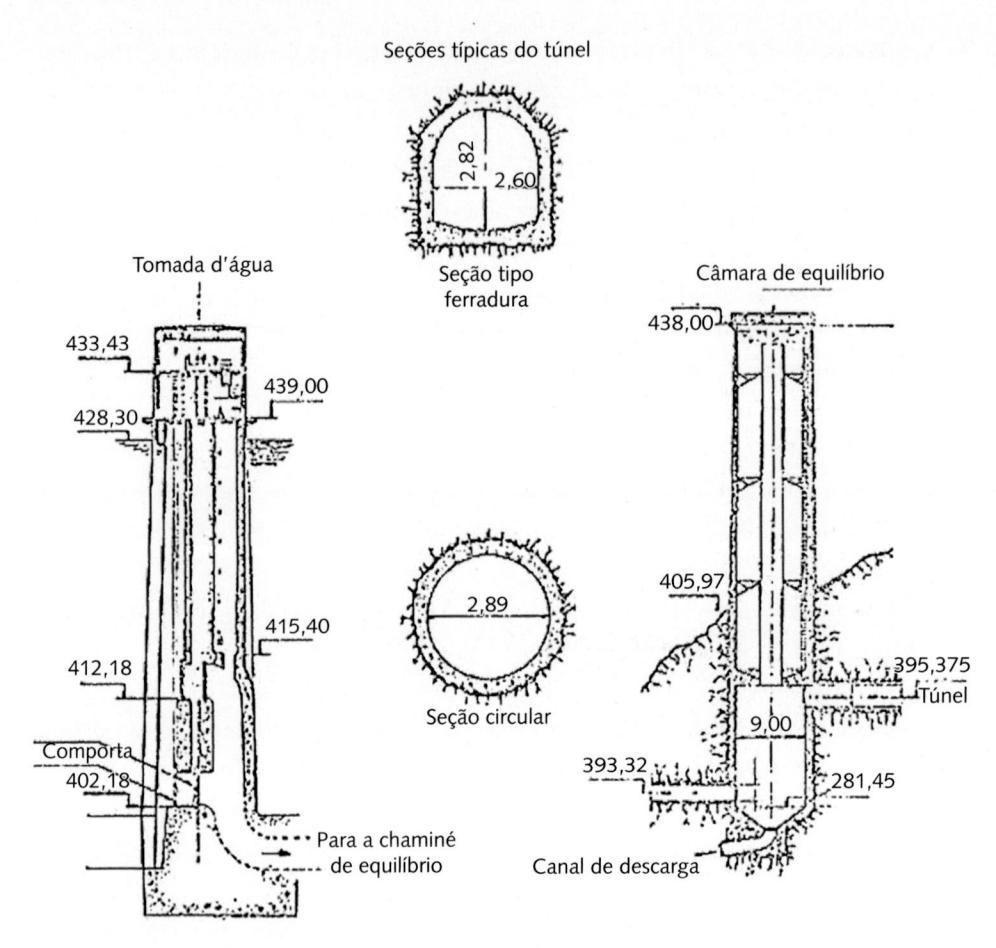

Fig. C5.4 Seções típicas das principais estruturas do sistema de adução
Fonte: CELF (1972).

C5.4 Fontes de dados

O resgate do histórico de informações relacionadas com a ruptura do túnel de adução somente foi possível graças ao exaustivo trabalho documental realizado, em 1972, pelo eng. João Baptista Gonçalves Henriques (CELF, 1972), quando exercia o cargo de Diretor de Engenharia Pré-Operacional da Centrais Elétricas Fluminenses S.A. (CELF).

Os autores visitaram o sítio em agosto de 1999, durante um trabalho de inspeção das condições de conservação das obras, tendo tomado conhecimento da documentação disponibilizada pela Companhia de Eletricidade do Estado do Rio de Janeiro (CERJ), na época proprietária da usina. Por ocasião da visita, não se teve acesso ao túnel de adução, que estava em carga. Foi, entretanto, inspecionado, pelo lado externo, o local do acidente.

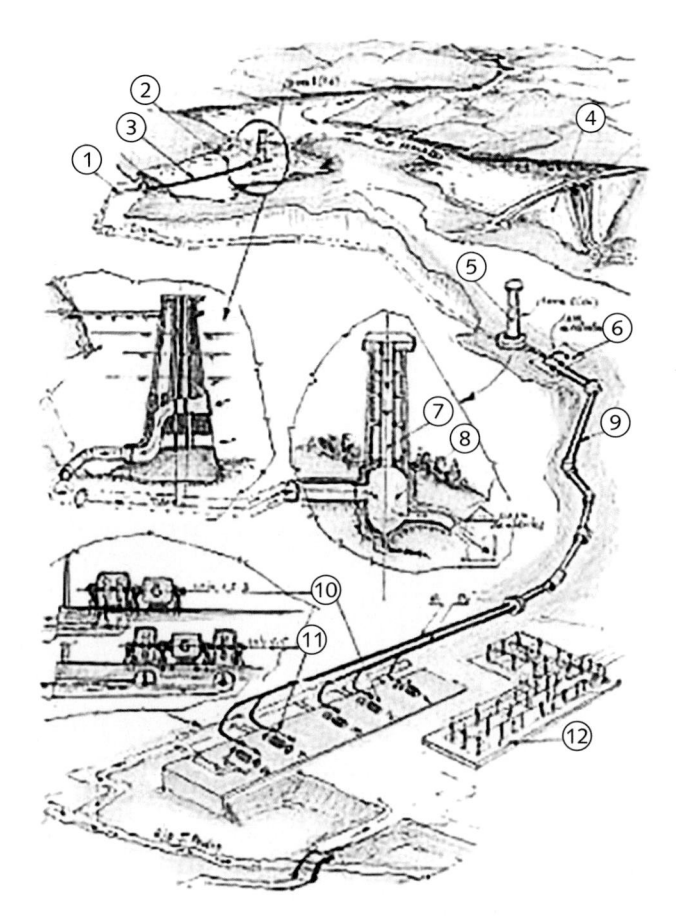

1. Barragem
2. Detalhe da tomada d'água
3. Conduto submerso em tubulação tipo Armco
4. Túnel de adução
5. Torre de concreto (chaminé)
6. Casa de válvulas de manobra
7. Tubo de chaminé de equilíbrio
8. Câmara inferior
9. Conduto forçado
10. Unidades geradoras (1, 2, 3)
11. Unidades geradoras (4 e 5)
12. Subestação em pátio de manobra

Fig. C5.5 *Croqui com os principais elementos que integram a usina hidrelétrica Macabu*
Fonte: Seinpe (2006).

C5.5 Trajeto e características do túnel de adução

O túnel adutor tem início na tomada d'água próxima à vila de Tapera, atravessa um espigão da serra do Mar, a serra de Crubixais, numa extensão de 4.907 m, com quatro deflexões, sendo as duas primeiras para a direita hidráulica e as duas últimas para a esquerda, indo atingir a câmara de equilíbrio no vale do rio São Pedro, com uma declividade média de 0,4125 m/km (Fig. C5.6).

A Fig. C5.7 traz uma seção longitudinal esquemática do túnel de adução, com sobrelevação. A baixa declividade do túnel faz com que o desnível entre as duas extremidades, afastadas de 4.907 m, seja somente de 2,23 m.

Em toda a sua extensão, o túnel foi revestido com concreto armado com duas seções típicas, a saber:

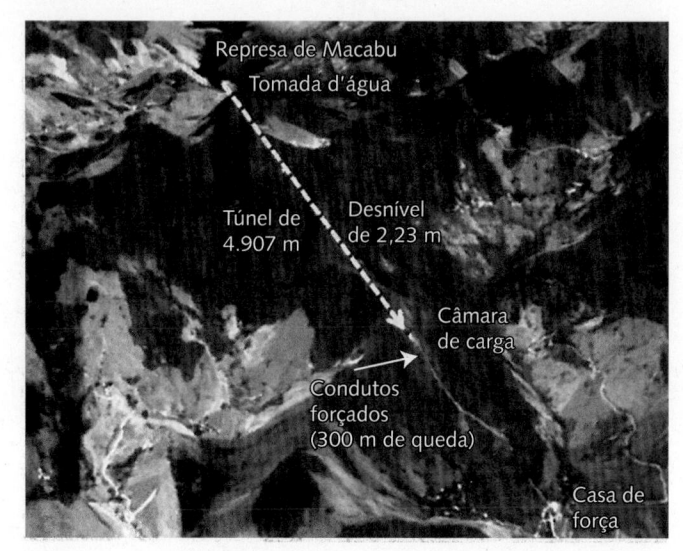

Fig. C5.6 *Vista geral do aproveitamento hidrelétrico de Macabu*
Fonte: Google Earth, imagem de 18 de março de 2018.

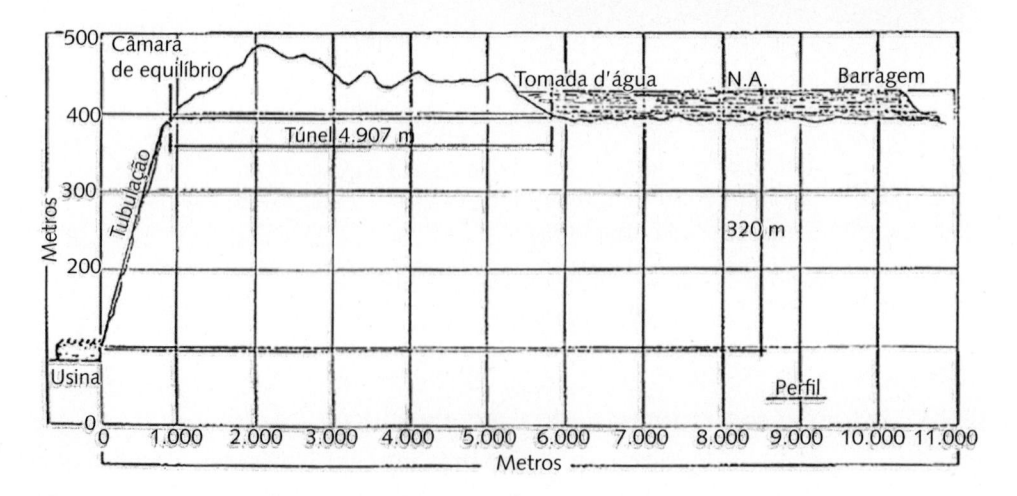

Fig. C5.7 *Seção longitudinal do conjunto das obras*
Fonte: CELF (1972).

- uma seção de tipo ferradura, com 2,50 m de largura e 2,82 m de altura, desenvolvendo-se desde a tomada d'água até a primeira deflexão, na extensão aproximada de 1.968 m;
- outra seção circular, com diâmetro de 2,82 m, entre a primeira deflexão e a câmara de equilíbrio, na extensão de 2.939 m.

A razão da mudança da seção, segundo indicações históricas, foi atribuída a vantagens econômicas da segunda sobre a primeira, tendo sido a decisão adotada quando o túnel já estava com 40% da extensão revestida com concreto armado.

A cota do radier na entrada do túnel é de 396,00 m e, na outra extremidade, na câmara de equilíbrio, de 393,97 m. Sendo a cota máxima do reservatório prevista de 428,30 m, a carga estática máxima no radier de entrada é de 32,30 m e, na outra extremidade, de 34,33 m.

Ao longo de todo o percurso do túnel há duas entradas permanentes de visita, a saber:
- A chaminé C, situada no parque da Tapera, distando 1.524,53 m da tomada d'água, com inclinação de 36° com a horizontal, comprimento de 130,50 m, vencendo a diferença de nível de 76,43 m, toda revestida de concreto armado, com seção retangular. O nível d'água no interior da chaminé C varia com o nível do reservatório, funcionando como uma câmara de equilíbrio.
- A chaminé E, situada mais a jusante, à distância de 775 m da câmara de equilíbrio. Apesar de identificada como chaminé, seu piso é horizontal e possui extensão de 131,80 m, construída em concreto armado, com seção em ferradura. No encontro com o túnel de adução existe uma porta de aço, permanentemente fechada, só podendo ser aberta após o esvaziamento do túnel.

Segundo dados históricos, durante a construção, além das duas chaminés referidas existiram outras seis, das quais quatro foram obstruídas após o término do túnel (B, D, F e H). Uma delas, a G, situada do lado esquerdo, de pequeno comprimento, cerca de 10 m, é visível a pequena distância da câmara de equilíbrio. A chaminé A, nas proximidades do emboque montante do túnel, desapareceu com as escavações da obra. Em correspondência à chaminé H, situada 275 m a montante da câmara de equilíbrio, a cobertura de terreno muito reduzida (cerca de 13 m), em uma encosta muito íngreme, motivou a instalação de uma camisa de aço.

A partir da tomada d'água, implantada no meio do reservatório, existe um túnel submerso, com 564 m de comprimento e seção tipo ferradura, com a finalidade de aduzir as águas do rio Macabu em cotas baixas. Isso se deve ao fato de que, estando a tomada d'água situada numa depressão, com o piso de apoio de sua comporta inferior na cota 402,15 m e existindo ao seu redor um obstáculo natural do terreno em cota mínima 410,00 m, havia a necessidade de uma comunicação entre o reservatório e a tomada d'água, para que fosse permitida a adução para níveis baixos do reservatório. Esse túnel funcionava como um tubo comunicante.

C5.6 Tipos de revestimento do túnel

Há indicação de que a seção circular foi calculada pelo escritório do eng. Paulo Fragoso, mas não foram localizadas as hipóteses de cálculo estrutural do túnel. Pela documentação da CELF, conclui-se que no trecho de seção ferradura existiam dez tipos de armações, denominados de A a J.

Para a seção circular existiam duas armações típicas: uma para o trecho situado em rocha compacta e com cobertura adequada (armação simples) e outra para o trecho situado em rocha branda e sem cobertura adequada (armação dupla) (Fig. C5.13, mais adiante). Entendia-se por cobertura adequada aquela correspondente a 60% da pressão máxima hidrostática (19 m, aproximadamente).

Durante a abertura do túnel, nos trechos onde foram necessários escoramentos, estes foram feitos com quadros de madeira apoiados em estrados de couçoeiras (tipo comum de escoramento, também de madeira). Em toda a extensão do túnel, foram feitas injeções de enchimento de cimento e areia (traço 1:3) entre o revestimento de concreto e o terreno envolvente, através de bombeamento a ar comprimido (não há registro de pressões, admitindo-se que foram da ordem de 2,0 kg/cm²). Não há documentação indicativa da metodologia e do controle dessas injeções, acreditando-se que foram insuficientes, principalmente no radier do túnel. Na chaminé E, por exemplo, onde o túnel foi aberto em rocha compacta, verificou-se um vazamento de 10 l/s a 20 l/s, devido à percolação d'água entre o radier do túnel e a rocha, que evidenciou a falta de injeções nesse ponto.

Quanto à qualidade e ao controle do concreto do revestimento do túnel, também não existem informações documentadas. Sabe-se que o traço foi volumétrico (dois sacos de cimento, seis carrinhos de areia e seis de pedra). Não houve um controle rigoroso do fator água/cimento. Nos depoimentos dos técnicos que inspecionaram o túnel antes do enchimento, há indicação de que, em diversos trechos, ocorreu lixiviação do cimento por parte de infiltrações de água através do revestimento, logo após seu lançamento, deixando o concreto poroso.

C5.7 Resumo dos aspectos geológicos

A geologia do túnel foi descrita pelo geólogo Luciano Jaques de Morais, com ênfase nos aspectos petrográficos, e resumida em um trabalho publicado pela CCM que foi extraviado. Em um trecho do parecer do Prof. Milton Vargas, que inspecionou o túnel em dezembro de 1956, encontra-se referência a esse trabalho.

As investigações geológicas durante a construção foram feitas pela própria CCM, que adquiriu uma sonda para isso. Lamentavelmente, os registros e as descrições de milhares de metros de amostras de sondagens ao longo do túnel não foram encontrados. Existe desenhado um perfil estratigráfico do túnel, numa escala muito reduzida, que impossibilita um diagnóstico sobre a qualidade das camadas do terreno que envolve o túnel.

Em 1961, após o acidente no túnel, foi realizada pela Geotécnica S.A. uma série de oito furos de sondagem rotativa na embocadura jusante do túnel. As sondagens, feitas à direita e à esquerda hidráulicas do túnel, a distâncias que variavam de 5 m a 22 m do eixo do mesmo, abrangeram em planta uma extensão de 121 m aproximadamente, a partir do eixo da câmara de equilíbrio. Do resultado dessa prospecção concluiu-se pela existência de uma falha geológica exatamente no local do acidente. Na direção do eixo do túnel, a extensão dessa falha era da ordem de 40 m, com seu início situando-se a 33 m do eixo da câmara de equilíbrio. A rocha decomposta foi identificada como gnaisse granítico.

C5.8 Histórico de operação do túnel

O túnel entrou em operação em setembro de 1950, trabalhando como canal a meia seção, sem ser pressurizado. Essa situação perdurou até meados de 1952, quando passou a trabalhar com toda a sua seção molhada. A cota normal de entrada da água passou a ser de 400,00 m, com uma pressão no eixo do túnel de 0,26 kg/cm² (2,6 m de coluna d'água). Posteriormente, elevou-se gradualmente a altura da água até a cota 415,00 m, utilizando-se, porém, uma válvula que amortecia a pressão da água, sendo que o túnel continuou a trabalhar com pressão equivalente à da cota 400,00 m até dezembro de 1960.

A partir de 15 de dezembro de 1960, o reservatório foi subindo, já com o nível d'água vertendo pela soleira do sangradouro, na cota 426,50 m. No fim do mês de janeiro de 1961, o reservatório atingiu a cota máxima e o túnel passou a trabalhar com a pressão máxima de 30 m de coluna d'água. Em 4 de fevereiro de 1961 ocorreu o acidente.

C5.9 Inspeções e restrições ao funcionamento do túnel

Desde o início do funcionamento do túnel, em setembro de 1950, várias inspeções foram feitas em seu interior, durante curtas paralisações no funcionamento da usina. Como resultado dessas visitas, foi constatado que:

- a superfície interna do túnel apresentava, em alguns trechos, falhas de concretagem;
- em alguns pontos, a ferragem estava à mostra;
- em outros locais, havia penetração de água da parte externa para o interior do túnel, principalmente nas juntas de concretagem;
- numa primeira avaliação visual, o concreto parecia de baixa compacidade, em alguns trechos, com nítidos vestígios de segregação dos agregados.

Em agosto de 1954, buscou-se o parecer técnico de diversos especialistas, com o propósito de avaliar a possibilidade de elevar o nível d'água na barragem para a cota 415,00 m, o que faria com que o túnel passasse a trabalhar com pressão correspondente a uma coluna d'água de 17 m. Caberia aos técnicos ajuizar sobre as condições do túnel, em termos de estabilidade e estanqueidade, além de indicar, caso ocorressem inconvenientes, as providências necessárias para garantir seu bom funcionamento.

Foram então organizadas diversas visitas ao interior do túnel, com a participação de especialistas convidados, nas seguintes datas:

- em 7 de outubro de 1956, com a presença dos engenheiros Arthur Barroso, diretor da EFE, João Baptista Gonçalves Henriques, Arthur Flach e Dr. Edwin Wyatt, todos da EFE, além dos engenheiros americanos G. R. Phillips, F. B. Woodman e John Cabrera, da Cementation Brasil S.A.;
- em 18 de novembro de 1956, estiveram presentes, além da equipe da EFE, o eng. Yasuo Kawano, professor da Escola de Engenharia de Tóquio (Japão) e consultor da Pacific Consultants, e o eng. João de Lima Accioly, representando o governo do Estado do Rio de Janeiro;
- em 12 de dezembro de 1956, estiveram presentes a equipe da EFE, o Prof. Milton Vargas, da Escola Politécnica da Universidade de São Paulo, e o eng. Benedito Dutra, especialista em túneis.

Pela análise dos relatórios dos especialistas, foi possível depreender que existia um ponto em comum nas conclusões: a existência de risco em dois trechos do túnel, o primeiro na extremidade montante e o segundo na extremidade jusante. No trecho montante poderiam ocorrer recalques perigosos quando o reservatório estivesse cheio e o túnel, vazio, com carreamento de material, solapando sua base. No trecho jusante, onde havia uma reduzida cobertura de solo sobrejacente ao túnel, as perdas d'água com pressão poderiam afetar a estabilidade das encostas, ocasionando a erosão subterrânea e, consequentemente, provocando deslizamentos de terra.

C5.10 Solução recomendada para reforço do túnel

Logo após a entrega dos pareceres (quatro anos antes do acidente no túnel), aventou-se uma solução para viabilizar a impermeabilização da parte jusante do túnel que não implicaria a paralisação das operações de geração de energia. A solução consistia na construção e na instalação de uma tubulação externa de aço, um *by pass*, com comprimento aproximado de 1.200 m, cujas extremidades ficariam ligadas ao túnel na chaminé E e na tubulação forçada, no trecho próximo à casa de válvulas. Seriam construídos tampões dentro do túnel, adjacentes às entradas do *by pass*, de forma a permitir o desvio da água para os tubos, esvaziando, assim, o túnel no trecho compreendido entre os tamponamentos. Seria então aberta uma janela no túnel, nas proximidades da antiga chaminé H, do outro lado da vertente, para permitir o acesso ao interior do túnel. O trecho jusante seria revestido com chapa de aço de 6 mm, soldada e presa por chumbadores no concreto do túnel, numa extensão de 270 m.

C5.11 A construção do *by pass*

Em meados de 1959 tiveram início as obras de montagem do *by pass*. Foram adquiridas 400 t de chapa de aço para a confecção dos tubos do *by pass*, com diâmetro de 1,20 m, e dos setores calandrados, com raio de 1,40 m, aproximadamente, para o revestimento interno do túnel. Os tubos foram construídos na obra. Feitas as obras de terraplenagem, do lado externo do túnel, foram confeccionados os blocos de apoio e ancoragem (Fig. C5.8).

Atrasos na construção do *by pass* fizeram com que fosse deixado um vão rebaixado na barragem, na cota 415,00 m, ficando um de seus blocos incompleto. Outra providência foi a instalação de uma válvula borboleta, com diâmetro de 2,0 m, na entrada d'água do túnel. Essa válvula funcionava semifechada, amortecendo a pressão d'água que se dirigia para o interior do túnel.

O término da barragem estava, assim, vinculado ao término do *by pass*. Entretanto, julgando-se que este estivesse pronto, foi determinado que se fechasse o bloco rebaixado da barragem. Com a subida das águas, a válvula que amortecia a entrada d'água no túnel ficou submersa, pois já tinha sido concretado o plugue lateral ao

Fig. C5.8 *Pilaretes de apoio ao by pass em alinhamento paralelo ao eixo do túnel (foto de 1999)*

túnel que permitia seu funcionamento. Desse modo, o túnel começou a entrar em carga sem que o *by pass* tivesse sido concluído.

O *by pass* estava quase terminado, incluindo-se sua colocação, quando sobreveio o acidente no túnel.

C5.12 Sinais de instabilização da encosta

Em 17 de janeiro de 1961, a diretoria técnica da EFE foi informada da ocorrência de alguns escorregamentos externamente ao túnel, pela lateral esquerda.

Em 3 de fevereiro do mesmo ano, após uma chuva muito forte ocorrida na região, houve um grande carreamento de material sólido para o canal de fuga da usina, entulhando-o até a borda e paralisando seu funcionamento. A causa do acidente foi atribuída, pelos operadores da usina, à chuva. O que ocorreu, na realidade, foi motivado pelo início do escorregamento ao longo da encosta externa ao túnel, com o transporte de material para o fundo do vale, até atingir a área da casa de força de Macabu.

Não há registro escrito da movimentação da massa de detritos que desceu a encosta. Na inspeção feita em 1999, foi possível observar a superfície de deslizamento registrada na Fig. C5.9, situada a pouca distância da chaminé de equilíbrio. Essa superfície possui todas as características de um plano de falhamento geológico, com nítidas estrias de fricção e material cataclasado (moído). É provável que se enquadre na descrição feita pela Geotécnica S.A., já referida anteriormente.

C5.13   O acidente

A descrição do acidente que se segue foi tirada do texto do eng. João Baptista Gonçalves Henriques (CELF, 1972):

> Na madrugada do dia 4 de fevereiro, o Senhor Guerra, operador chefe da usina, nos dava a notícia trágica pelo telefone "que viéssemos o mais rápido possível, pois a montanha estava desabando sobre a usina". Imediatamente em companhia do Dr. Wyatt nos dirigimos de onde estávamos alojados em Tapera, para a usina. Com a escuridão das primeiras horas da madrugada, que impedia a visão do que estava acontecendo, dava só para ouvir o barulho ensurdecedor da descarga sólida de milhares de toneladas de pedra e solo que se despencava de uma altura de 300,00 (trezentos) metros sobre as imediações da casa de máquinas. Apesar das comportas da tomada d'água estarem fechadas, 30.000 m³ d'água que se encontravam no interior do túnel despencavam encosta abaixo. Cerca de 4 horas da manhã, quando o dia clareou o espetáculo era dantesco. Matacões de pedra de centenas de toneladas estavam encostados nos blocos de ancoragem e nas tubulações de aço, como

Fig. C5.9 *Superfície de deslizamento coincidente com plano de falha geológica (foto de 1999)*

formando uma barragem. Este anteparo foi na verdade a salvação da usina, isto porque tendo as tubulações naquele local cerca de 3 cm de espessura, pôde ela suportar o impacto dos primeiros matacões de pedra que vieram rolando da encosta do túnel. As pedras seguintes passaram a ser amortecidas pelo obstáculo criado. Isto entretanto não evitou que o subsolo da casa de máquinas ficasse totalmente entupido de pedras e terra e o seu piso totalmente alagado, tendo sido atingidos os grupos geradores.

Quanto à trajetória da corrida de lama e detritos desencadeada pela ruptura da seção do túnel, não há registro claro em toda a documentação. Uma vez que a ruptura ocorreu do lado esquerdo hidráulico, algumas dezenas de metros a montante da chaminé de equilíbrio, admite-se que o enorme volume de material (água misturada com solo, vegetação e blocos de rocha) tenha se projetado ao longo dos talvegues existentes daquele lado. Sabe-se que matacões de pedra de grande volume vieram rolando encosta abaixo, até serem escorados pelas tubulações, no trecho compreendido entre os blocos de ancoragem F_{10} e F_{11} (CELF, 1972). As tubulações foram a salvação da usina, pois evitaram que aqueles matacões fossem atirados contra a casa de força. Com o choque, houve o deslocamento de alguns pilaretes de apoio, entortando os tubos. Posteriormente foram todos recuperados. Na Fig. C5.10

Fig. C5.10 *Chaminé de equilíbrio (1), condutos forçados (2), casa de força (3), local da ruptura do túnel de adução (4) e provável trajetória da corrida de lama e detritos (5)*
Fonte: Google Earth, imagem de 2 de agosto de 2017.

apresenta-se uma presumível trajetória da corrida de lama e detritos, em função da configuração do relevo da encosta.

C5.14 Danos na usina

A massa de lama, carregada de detritos de toda espécie, atingiu a casa de força sem destruí-la, uma vez que esta contou com a proteção dos próprios condutos forçados, que interromperam a trajetória de grande parte dos blocos de rocha, causando seu empilhamento. Apesar disso, o subsolo da usina foi invadido por um volume de material avaliado em 2.500 m³. Sobre o piso da sala de máquinas acumulou-se uma camada de lama da ordem de 0,5 m, o mesmo acontecendo no piso da subestação. O canal de fuga ficou completamente obturado por grandes matacões.

C5.15 O pós-acidente

Após o acidente, mesmo com as comportas da tomada d'água fechadas, continuava existindo um vazamento d'água para o qual não havia, de imediato, uma explicação. Depois de vários exames em diversos trechos da obra, foi descoberto finalmente que o *by pass* na tomada d'água, que servia para o enchimento do túnel (caso estivesse ele vazio, o reservatório cheio e se desejasse encher o túnel), estava aberto, apesar da indicação em contrário. Após seu fechamento, o túnel deixou de sangrar. Desse modo, foi possível abrir a porta da chaminé E, não obstante haver uma descarga de 1.000 l/s. Foi feita então uma ensecadeira com sacos de areia no interior do túnel, a jusante da porta, permitindo, assim, o desvio da água através da chaminé, secando totalmente o túnel no trecho do acidente.

C5.16 A solução de emergência

Entre as alternativas viáveis para o restabelecimento da adução no prazo mais rápido, a solução adotada consistiu em implantar duas tubulações de aço, com diâmetro de 1,20 m, uma sobre a outra, apoiadas sobre berços de concreto e instaladas no interior do túnel, numa extensão de aproximadamente 200 m, ou seja, 400 m de tubulação (Fig. C5.11).

Esses tubos pertenciam ao *by pass* que estava sendo construído e se encontravam próximos ao local do acidente. Em cada extremidade dos tubos foi concretado um bloco de ancoragem de vedação, por onde só passavam os dois tubos, colocando, assim, o túnel em comunicação com a câmara de equilíbrio.

Tubos com parede de 8 mm de espessura do *by pass* foram colocados do lado inferior, com sua geratriz quase encostada no radier do túnel. Tubos com parede de 6 mm

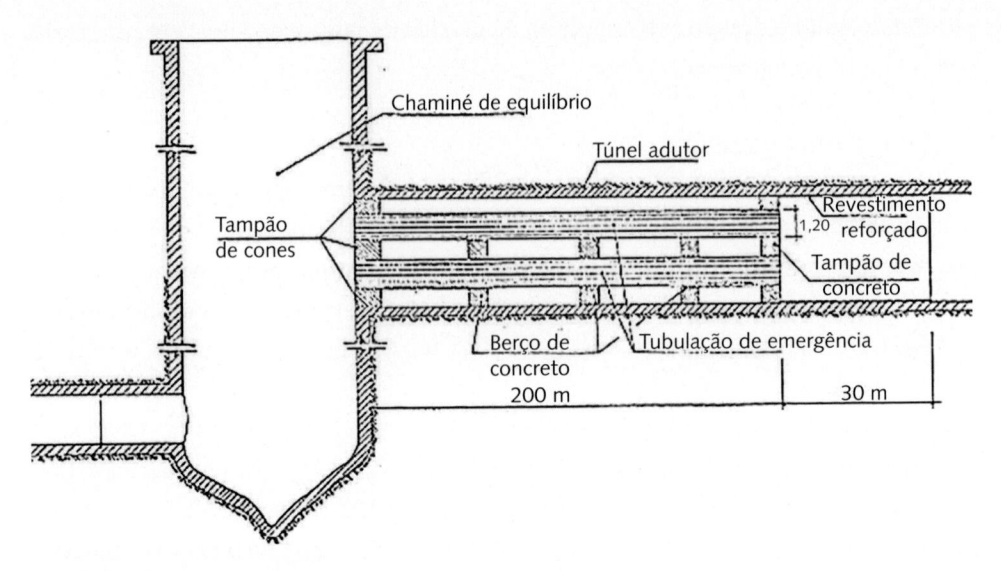

Fig. C5.11 *Seção longitudinal esquemática da solução emergencial adotada*
Fonte: CELF (1972, anexo 18).

Fig. C5.12 *Pouco espaço para manobra em razão da inserção dos dois tubos*

de espessura foram colocados do lado superior. Por ter o túnel uma seção circular com diâmetro de 2,82 m, não foi difícil colocar os dois tubos de 1,20 m de diâmetro um em cima do outro, apoiados sobre pilaretes de concreto espaçados de 6 m em 6 m. A ligação dos tubos, que tinham um comprimento aproximado de 6,50 m, foi feita por soldagem interna, uma vez que não foi possível soldá-los externamente por falta de espaço (Fig. C5.12).

A inserção dos tubos no túnel foi feita pela brecha provocada pela ruptura, tendo sido transportados por uma grua colocada na encosta a 20 m de altura.

C5.17   A recuperação da usina

Após 53 dias de trabalho ininterrupto, em 28 de março de 1961 a usina de Macabu voltou a funcionar. A instalação das tubulações no interior do túnel foi uma obra emergencial, visando ao restabelecimento, o mais urgente possível, da adução. Considerada solução de emergência, foi aceita sua adoção como obra provisória.

Tão logo fosse possível paralisar a geração por um período longo, seriam feitas as obras definitivas de reparo, que consistiriam na reconstituição da seção plena de escoamento do túnel, assim como no reforço e na estanqueidade na embocadura montante, além de outras obras menores consideradas necessárias. Apesar de ter-se atribuído às obras emergenciais uma sobrevida de cinco anos, a solução perdurou por muito mais tempo, até o presente.

C5.18 Causas do acidente

C5.18.1 Laudo da comissão oficial

A comissão encarregada de averiguar as causas do acidente, tendo procedido a uma análise meticulosa no local, formou um conceito claro do problema e emitiu um laudo, a seguir resumido (CELF, 1972, anexo 20). Como fatores predisponentes, a comissão apontou:

- a existência de armadura deficiente no trecho do acidente;
- a cobertura do túnel, na parte jusante, junto à câmara de equilíbrio, apresentava-se diaclasada e bastante fraturada, notando-se decomposição avançada em certos pontos e oferecendo um pequeno recobrimento para o túnel;
- o aparecimento, já de longa data, de vazamento na chaminé F, que motivou as consultas a engenheiros e firmas especializadas;
- o aparecimento de infiltrações de água na encosta esquerda hidráulica, adjacente à câmara de equilíbrio, após o túnel ter entrado em carga;
- o fechamento do vão rebaixado no corpo da barragem, sem que o *by pass* tivesse sido completado;
- a ocorrência de manobra errada nos registros dos *by pass* existentes na tomada d'água. Quando abertos, acreditavam-se fechados, em virtude de confusões na sua indicação de manobra em língua alemã.

Como consequência, a comissão concluiu que, estando o túnel com dimensionamento incompatível para a finalidade a que se destinava, agravado pela natureza e pela pequena cobertura de rocha, e submetido a uma pressão interna da ordem de 30 t/m², surgiram inicialmente fraturas no concreto do túnel, confinado pela rocha fraturada e decomposta, com transferência das pressões internas para o meio externo e, consequentemente, liberando as águas para o lado externo, isto é, para a encosta. Quando do fechamento das tubulações que alimentavam as turbinas, devido ao assoreamento do canal de fuga e do subsolo da própria usina, agravou-se o estado de pressão no túnel em consequência do golpe de aríete, ocasionando a sua ruptura final, escoando-se a armadura, que era deficiente para o projeto.

A Fig. C5.13 mostra que a cobertura do túnel em seu trecho jusante, próximo à câmara de equilíbrio, era representada pelo perfil de intemperismo da rocha gnáissica local, e não pela rocha sã.

Nesse ponto, o laudo da comissão voltou a se referir à deficiência de armação encontrada na seção que sofreu a ruptura:

> [...] não podemos deixar de fazer graves reparos sobre a quantidade de ferros encontrada na seção de ruptura do túnel, mostrando nitidamente que a execução deste trecho não obedeceu ao que consta do projeto compulsado pela Comissão. Vê-se na seção de ruptura ferros escoados de 5/16" cada 20 no sentido transversal e ferros de 3/16" cada 25 no longitudinal. O projeto existente no escritório da EFE, anterior à execução do trecho acidentado, de autoria do eng. Paulo Fragoso, indica a seção correta de ferro, que é de 5/8" cada 10 nas duas faces do túnel. Isto mostra que houve falta de responsabilidade técnica na sua execução.

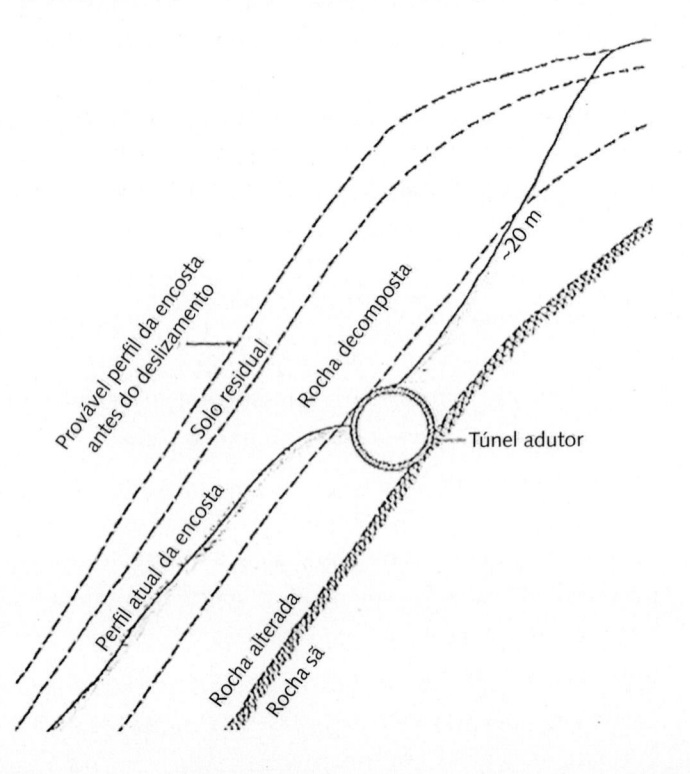

Fig. C5.13 *Seção geológica esquemática, no trecho em que ocorreu a ruptura, mostrando o túnel posicionado no horizonte de rocha alterada*
Fonte: CELF (1972, anexo 17).

Como considerações finais, a comissão salientou:
- a necessidade de realização de estudos técnicos para o planejamento de reforços não só na estrutura do túnel, mas também na estabilização do talude sobre o qual este se assentava, incluindo-se inspeções permanentes;
- a estranheza causada pela inexistência de uma comporta de fundo na barragem;
- a má execução dos berços de apoio do *by pass* em construção, alguns deles assentes sobre aterro sem uma compactação adequada.

C5.18.2 Esclarecimentos adicionais pelo eng. João Baptista Gonçalves Henriques

O eng. João Baptista Gonçalves Henriques, autor do minucioso relato sobre o histórico do acidente, é mais enfático em relação à questão da ferragem. Segundo afirmou, nenhum perito teria atentado para um fato de suma importância, que explicava a insuficiência da ferragem do revestimento do túnel no trecho da ruptura, documentada na Fig. C5.14:

> Existiam 2 (dois) projetos de armadura de túnel:
> - o primeiro, constituído de ferros transversais de ¼" cada 20 ou 5 ferros de ¼" por metro longitudinal. Este tipo de armação foi calculado para o trecho de rocha viva ou compacta, isto é, para os trechos de túnel onde houvesse uma cobertura rochosa de grande espessura, autossustentável. O concreto serviria para regularizar a superfície, diminuindo a perda de carga e para estanqueidade do túnel, caso houvesse pequenas falhas na rocha, com infiltração d'água,
> - o segundo projeto de armadura, constituído de 30 ferros de ½" por metro, ou em igual seção, ferros de 5/8" cada 10 cm em duas camadas. Este tipo de armação foi calculado para o trecho chamado de rocha branda, isto é, aquele em que, pelo fato da cobertura de rocha do túnel ser insuficiente, o concreto teria que ser armado para resistir toda pressão externa e interna.
>
> No trecho onde ocorreu o acidente havia exatamente a ferragem projetada para rocha compacta, quando na realidade, face às características geológicas naquele trecho do túnel, exigia-se que fosse colocada ferragem do projeto para rocha branda.

C5.19 Considerações finais

O primoroso registro feito pelo eng. João Baptista Gonçalves Henriques possibilitou o resgate da memória e a divulgação do acidente ocorrido no túnel de adução da usina

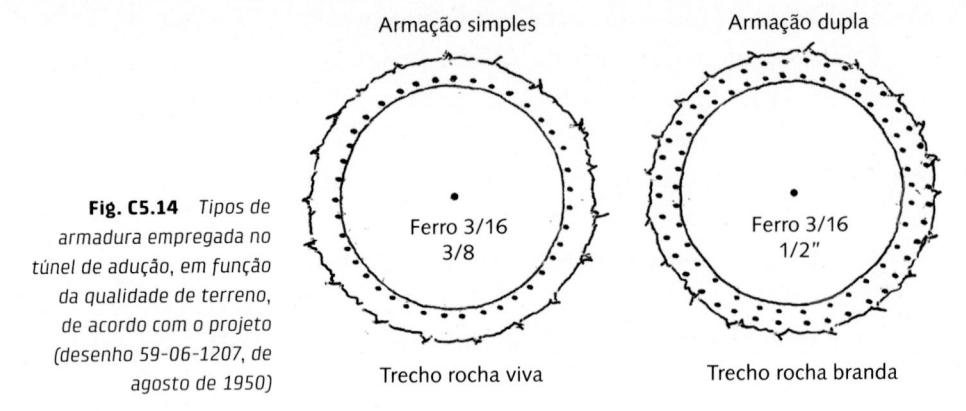

Fig. C5.14 Tipos de armadura empregada no túnel de adução, em função da qualidade de terreno, de acordo com o projeto (desenho 59-06-1207, de agosto de 1950)

Armação simples — Ferro 3/16 3/8 — Trecho rocha viva

Armação dupla — Ferro 3/16 1/2" — Trecho rocha branda

hidrelétrica Macabu. A farta documentação expôs a sequência de eventos, ao longo de um processo construtivo que durou mais de 20 anos, de uma obra que passou de mão em mão e apontou os principais elementos e circunstâncias que culminaram com o rompimento da seção do túnel de adução. Ao fim e ao cabo, depreende-se que o acidente foi provocado por falha construtiva, que consistiu em dotar o revestimento do túnel, no trecho colapsado, de elementos resistentes inferiores aos que haviam sido definidos pelo projeto como necessários.

O não atendimento às determinações de projeto tem sido, e continua sendo, responsável por uma parcela significativa de casos de desempenho inadequado de obras, não apenas ocasionando, em situações críticas, danos materiais e prejuízos financeiros vultosos, mas também afetando a segurança da população em áreas de risco e a integridade de suas moradias e propriedades, bem como de núcleos urbanos ao longo da trajetória das massas de lama e detritos. O acompanhamento estreito e a vigilância permanente de todas as etapas de construção podem não ser suficientes, mas são necessários para a realização de obras que atendam aos requisitos de segurança implícitos nos projetos.

Referências bibliográficas

CELF – CENTRAIS ELÉTRICAS FLUMINENSES S.A. *A história da construção da Central Hidrelétrica de Macabu*. Relatório interno. Relator: João Baptista Gonçalves Henriques. jun. 1972. 2 v.

CMEB – CENTRO DA MEMÓRIA DA ELETRICIDADE NO BRASIL. *A CERJ e a história da energia elétrica no Rio de Janeiro*. Rio de Janeiro, 1993. 368 p. Macabu: p. 154-159.

FREITAS, L. N. et al. Barragem e transposição do rio Macabu: conflitos gerados pelo uso da água e a integração de bacias hidrográficas no gerenciamento de recursos hídricos. In: SEMINÁRIO REGIONAL SOBRE GESTÃO DE RECURSOS HÍDRICOS, 4., out. 2014, Campos dos Goytacazes. 13 p.

SEINPE – SECRETARIA DE ESTADO DE ENERGIA, INDÚSTRIA NAVAL E PETRÓLEO DO RIO DE JANEIRO. *Pequenas centrais hidrelétricas no Estado do Rio de Janeiro*. Rio de Janeiro, 2006. Macabu: p. 53.

SEMADS – SECRETARIA DE ESTADO DE MEIO AMBIENTE E DESENVOLVIMENTO SUSTENTÁVEL DO RIO DE JANEIRO. *Bacias hidrográficas e rios fluminenses*: síntese informativa por macrorregião ambiental. maio 2001. 74 p.

CASO 6

NILO PEÇANHA (RJ)
(TÚNEL DE ADUÇÃO)

Rio – Transposição de bacias, do rio Paraíba do Sul para o ribeirão das Lajes
Construção – 1943 a 1954
Data do evento – 1954
Tipo de documentação – Técnica escassa

C6.1 Arranjo do empreendimento

A usina da UHE Nilo Peçanha é subterrânea e foi projetada pela Cobast, em fins da década de 1940 e começo da de 1950. O projeto foi subsidiado por uma extensa campanha de investigações, por sondagens profundas, tendo sido executadas, entre setembro de 1948 e dezembro de 1949, 18 sondagens rotativas, totalizando 2.460 m perfurados. Um relatório do geólogo Portland P. Fox, datado de dezembro de 1949, avaliou os principais aspectos geológicos da área do projeto.

A usina é alimentada pelas águas do rio Paraíba do Sul, através de um longo sistema de transposição, que se inicia no sítio da barragem de Santa Cecília, sendo bombeada em túnel ascendente para o curso inferior do rio Piraí, no reservatório formado pela barragem Santana, no sentido remontante. Daí a água represada é novamente bombeada, na estação elevatória (teoricamente reversível) de Vigário, até alcançar o reservatório formado pela barragem Terzaghi e pelo dique Vigário, de onde é conduzida para o canal e para o túnel de adução. No circuito hidráulico, encontra-se a câmara de válvulas, que distribui a vazão para as turbinas das casas de força de Fontes Nova e Nilo Peçanha, que operam em paralelo, sob a queda bruta de 310 m.

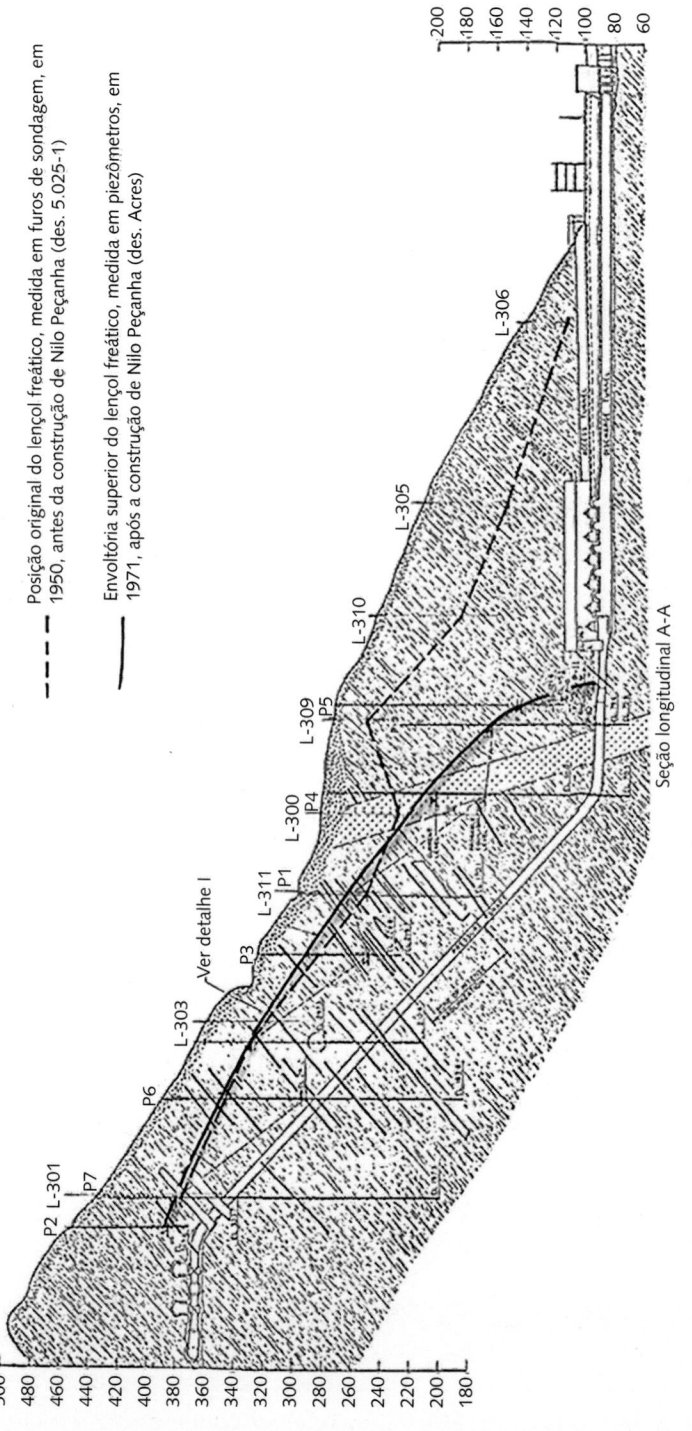

Fig. C6.1 Seção longitudinal mostrando os principais elementos do arranjo da UHE Nilo Peçanha e colocando em evidência a posição do lençol freático antes e depois da construção da usina subterrânea

Fonte: modificado de H. G. Acres Ltd. (1971).

O túnel de adução à casa de força da UHE Nilo Peçanha tem diâmetro de 6 m e uma inclinação de 42° com a horizontal. A Fig. C6.1 documenta a seção geológica do maciço granito-gnáissico em que o túnel de adução foi implantado e dá ênfase ao rebaixamento que o lençol freático original sofreu em consequência da abertura da cavidade subterrânea da casa de força, que contou com a implantação de drenos horizontais a partir da extremidade de montante da própria cavidade.

Observa-se também que, na parte alta da encosta, a abertura da cavidade da casa de força não teve influência sobre o comportamento do lençol freático, que permaneceu o mesmo de antes da construção da UHE Nilo Peçanha.

C6.2 Descrição do acidente

Consta em Vaughan (1956) que, na etapa final da construção do túnel de adução, em 1954, a execução de injeções de contato entre o conduto metálico e a parede do túnel causou a deformação da seção metálica, prejudicando a seção de escoamento. Não se conhecem os detalhes da operação de injeção que provocou o acidente, tampouco o local exato, sabendo-se apenas que ocorreu na parte alta do túnel inclinado.

C6.3 Consequências do acidente

O ocorrido acarretou um atraso na finalização das obras e na entrada da usina em operação, devido à necessidade de reparos.

C6.4 Medidas de recuperação

Uma complexa operação logística teve que ser programada e colocada em prática, consistindo na introdução de uma plataforma móvel no interior da tubulação de 6 m de diâmetro, a partir da qual uma equipe de técnicos levou a cabo as operações necessárias a devolver o tubo cilíndrico às dimensões de projeto, além de realizar as injeções de colagem sem provocar novos danos. A plataforma era apoiada sobre trilhos e acionada a partir do topo da tubulação, por meio de guinchos. Não foram encontrados detalhes executivos, mas a recuperação foi bem-sucedida.

C6.5 Causas do acidente

Consta em H. G. Acres Ltd. (1971) que as pressões de injeção teriam sido relativamente baixas (0,35 MPa), o que não explicaria, por si só, o ocorrido. Outros fatores circunstanciais podem ter causado a deformação, como um descontrole momentâneo da própria pressão de injeção, ultrapassando as determinações de projeto, ou ter sido a injeção executada em trecho muito extenso, o que, devido à inclinação do túnel e ao peso específico da calda de cimento, pode ter causado pressões externas ao conduto forçado (desprovido de pressão interna de água) suficientes para provocar a deformação observada.

C6.6 Complemento

Na década de 1970, surgiu a necessidade de esvaziar o conduto de adução das águas à usina de Nilo Peçanha. Essa operação era necessária para substituir as válvulas esféricas na casa de força. Diante do temor de que o esvaziamento do conduto provocasse deformações da blindagem metálica do conduto forçado, encomendou-se um estudo à H. G. Acres Ltd. Para permitir o esvaziamento do conduto, a Acres recomendou a abertura de um túnel de drenagem, a partir do qual seriam executados furos de drenagem, de pequeno diâmetro.

O túnel de drenagem foi aberto externamente ao túnel de adução de Nilo Peçanha, em 1973/1974, com eixo paralelo e em posição sobreposta ao túnel de adução ao longo do trecho inferior do túnel, que tinha revestimento metálico. Terminada a escavação do túnel de drenagem, foi implantada uma densa rede de furos de drenagem, bem como dez piezômetros, sete dos quais na soleira e os restantes, do tipo manométrico, em furos de drenagem, partindo do final superior do túnel inclinado. A abertura do túnel de drenagem foi muito eficaz para o ulterior rebaixamento do lençol freático, conforme mostrado na Fig. 2.12. Notar que o trecho superior do túnel, não revestido por blindagem, não apresentava no seu entorno níveis elevados de lençol freático em oposição ao elevado nível freático no trecho inferior revestido.

Ao final dos trabalhos, observou-se que a pressão externa, anteriormente superior à pressão crítica de deformação da blindagem em quase toda a extensão do túnel de adução, ficou inferior àquela, salvo numa área restrita, em correspondência ao cotovelo inferior. Considerou-se, então, que o objetivo visado havia sido atingido.

Referências bibliográficas

EPRI – ELECTRIC POWER RESEARCH INSTITUTE. *Design Guidelines for Pressure Tunnels and Shafts*. Research Project 1745-17. Final report. Berkeley, USA, 1987. p. B-4, B-48.

H. G. ACRES LTD. *Nilo Peçanha Pressure Shaft*: Dewatering Operation – Drilling Results and Recommendation. Aug. 1971.

VAUGHAN, E. W. Steel Linings for Pressure Shafts in Solid Rock. *Journal of the Power Division*, ASCE, Apr. 1956. 39 p.

CASO 7
SÁ CARVALHO (MG)

Rio – Piracicaba
Construção – Primeira etapa: década de 1950. Segunda etapa: década de 1990
Data do evento – Março de 1997
Tipo de documentação – Técnica

C7.1 Arranjo do empreendimento

A usina hidrelétrica de Sá Carvalho possui dois sistemas de adução e geração desenvolvidos em paralelo, o primeiro construído na década de 1950 (túneis 1 e 2) e o segundo, na década de 1990 (túneis 1-A e 2-A) (Fig. C7.1). Em 1996, a Companhia de Aços Especiais Itabira (Acesita) colocou em operação a expansão da usina, consistindo em um novo sistema de túneis de baixa pressão (1-A e 2-A), câmara de carga, chaminé de equilíbrio e túnel de alta pressão, aduzindo as águas para a nova casa de força, situada à margem esquerda do rio Piracicaba. A capacidade de geração passou, assim, de 48 MW, do sistema implantado na década de 1950, para 78 MW, graças à adição de 30 MW do novo sistema.

C7.2 Descrição do acidente

Decorridos três meses desde a entrada em operação do novo sistema, ocorreu um vazamento na região da câmara de carga e do túnel de alta pressão, que induziu uma ruptura hidráulica e o consequente deslizamento do manto de intemperismo da encosta local. A Fig. C7.2 mostra, em planta, a localização aproximada da área afetada pelo deslizamento.

Após a paralisação do sistema de adução, inspeções internas ao túnel (2-A) mostraram que, no entorno da câmara de equilíbrio e do cotovelo superior, haviam ocorrido danos irreparáveis no revestimento de concreto, provocados por fraturamento hidráulico e erosões no próprio maciço rochoso (Fig. C7.3).

C7.3 Consequências do acidente

Uma consequência imediata foi a paralisação da geração na casa de força implantada na década de 1990. Além disso, o deslizamento afetou instalações prediais da unidade automatizada de apoio à operação do sistema ferroviário Vitória-Mina, da então Companhia Vale do Rio Doce (CVRD), hoje Vale, quase provocando sua interdição, bem como da rodovia BR-262, que liga Belo Horizonte a Vitória.

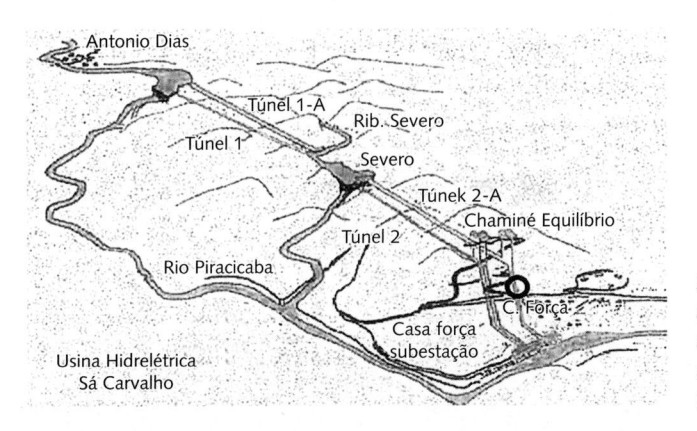

Fig. C7.1 *Sistema integrado das usinas da UHE Sá Carvalho, com indicação do local do acidente*
Fonte: arquivo da Cemig.

Fig. C7.2 *Indicação do local do deslizamento (círculo tracejado) causado pela ruptura do revestimento do túnel de adução da segunda etapa de motorização (linha tracejada)*
Fonte: Google Earth, imagem de novembro de 2009.

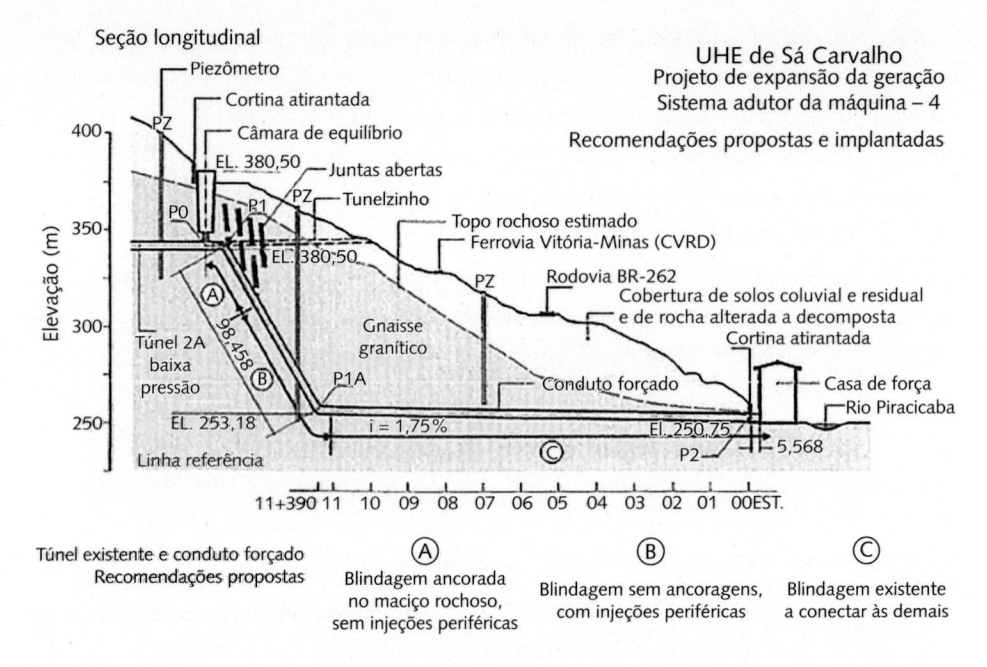

Fig. C7.3 Seção longitudinal do sistema de adução, ressaltando as fraturas subverticais na área do cotovelo do túnel de alta pressão
Fonte: Coppedê Jr., Virgili e Ojima (2009).

C7.4 Medidas de recuperação

Após a paralisação do circuito adutor dos túneis 1A e 2A, seguida pelo esvaziamento deles, adotaram-se, como principais medidas de recuperação, a blindagem do conduto de alta pressão por revestimento metálico e a concretagem de trechos do túnel 2-A, nas imediações da câmara de carga e da chaminé de equilíbrio, onde foram identificadas trincas nas paredes em rocha, que permitiam as fugas da água, que iam sobrecarregar o lençol freático local.

C7.5 Causas do acidente

O conduto de alta pressão havia sido revestido apenas por uma camada de concreto em toda a sua extensão inclinada e em parte do trecho horizontal. A ruptura do conduto ocorreu devido à falta de confinamento do maciço, em virtude de seu estado de relaxação, pela presença de grande número de fendas subverticais e, ainda, agravado por defeitos construtivos no próprio concreto. O revestimento de concreto não resistiu às pressões internas.

O vazamento de água do sistema pressurizado, por sua vez, tornou-se a causa do escorregamento (já referido) da cobertura de solos coluvionares e residuais da encosta, em área próxima às instalações prediais da unidade automatizada de apoio à operação do sistema ferroviário Vitória-Mina.

Brito (1998), embora não identifique nominalmente a UHE Sá Carvalho, fornece elementos que a identificam com clareza e apresenta sua interpretação a respeito das causas do acidente:

> Em outro projeto, em gnaisse com mergulho suave, o alívio de tensões na encosta foi tão intenso que várias juntas verticais se abriram no alto da encosta, algumas até 60 cm, em extensões que atingiam dezenas à centena de metros. Mesmo tendo sido revestido com concreto neste trecho, o conduto forçado sofreu vazamentos incontroláveis. A causa principal foi provavelmente a baixa tensão residual no maciço associada ao nível de água muito baixo que se estabeleceu na encosta, provocando deformações excessivas no concreto, o que foi agravado por defeitos construtivos. As trincas eram conhecidas, pois ocorriam em pequeno túnel antigo usado para acesso aos condutos antigos. Vários desenhos antigos relatavam e documentavam as fendas da encosta. O conduto teve que ser parado durante cerca de três meses para reparos e colocação de blindagem metálica. Uma das maiores dificuldades enfrentadas durante o projeto de reparo foi a inexistência de mapeamento geomecânico da fase de construção.

Referências bibliográficas

BRITO, S. N. A. Imprevistos geológicos em túneis de empreitada por preço global ("turn-key"). In: SIMPÓSIO BRASILEIRO SOBRE PEQUENAS E MÉDIAS CENTRAIS HIDRELÉTRICAS, CBGB, 1., 1998, Poços de Caldas. p. 339-345.

COPPEDÊ Jr., A.; VIRGILI, J. C.; OJIMA, L. M. O reparo do sistema de túneis da UHE de Sá Carvalho – Acesita, Timóteo, MG. In: SANTOS, A. R. *Geologia de Engenharia*: conceitos, método e prática. ABGE, 2009. p. 81-84.

CASO 8
SÃO TADEU I (MT)

Rio – Aricá-Mirim
Construção – Dezembro de 2006 a outubro de 2009
Data do evento – 11 de novembro de 2009
Tipo de documentação – Técnica

O sistema de adução na PCH São Tadeu I sofreu um grave acidente em 11 de novembro de 2009. A usina recém-finalizada estava em fase de testes dos equipamentos eletromecânicos. O acidente causou sérios danos às obras civis e aos próprios equipamentos, retardando em mais de um ano a entrada em operação do empreendimento.

O acidente não foi noticiado na mídia e não alcançou, portanto, notoriedade. As informações encontradas sobre o caso resultam primeiramente de uma consulta à internet, onde foi localizado um extenso relatório de autoria da Agência Nacional de Energia Elétrica (Aneel, 2010) condensando informações suficientes para formatar um quadro a respeito do caso.

Em seguida, foi acessada na internet uma palestra proferida pelo Prof. Milton Kanji (2017), da Universidade de São Paulo, trazendo esclarecimentos e detalhes sobre o sinistro.

C8.1 Descrição do aproveitamento

A PCH São Tadeu I é localizada na serra de São Vicente, a cerca de 70 km a sudeste de Cuiabá, no município de Santo Antônio do Leverger, no Estado de Mato Grosso. O empreendimento consiste no represamento do rio

Aricá-Mirim, com captação de água por uma tomada d'água, seguida pelo túnel de adução (Fig. C8.1).

A barragem principal possui extensão de crista de 230 m e altura máxima de 30 m, com seção transversal típica em aterro compactado. O vertedouro é situado na ombreira esquerda, com soleira de 12,80 m de comprimento e capacidade de escoamento de 172 m³/s, dotado de calha com extensão aproximada de 200 m. A tomada d'água está à esquerda hidráulica do vertedouro. A casa de força é localizada a céu aberto, afastada do desemboque do túnel de adução em algumas dezenas de metros. Nela foram instaladas duas máquinas, com potência total de 18 MW.

C8.2 O sistema de adução

O túnel de adução possui 2.460 m de extensão, com uma queda bruta de 200 m. Sua seção é em arco-ferradura, com 3,20 m de altura e 3,20 m de largura, perfazendo 9,14 m² de seção (Aneel, 2010, p. 41-42). O volume de água contido no túnel é de aproximadamente 22.500 m³ e o sistema é dotado de chaminé de equilíbrio.

O trecho terminal do conduto de adução, próximo ao desemboque, possui seção circular e é metálico, apoiado sobre berços e dimensionado para resistir aos esforços internos. Esse conduto forçado ocupa o trecho de jusante do túnel e pode ser visitado externamente. A conexão do conduto forçado com o túnel em rocha é feita através do trecho de transição, em forma de funil, totalmente envolvido em concreto (Fig. C8.2).

A partir do desemboque, a extensão do conduto forçado no interior do túnel é dimensionada de modo que a pressão interna imposta pela coluna d'água seja ultrapassada pela pressão externa oferecida pela cobertura em rocha; nesse local é então inserido o trecho de transição.

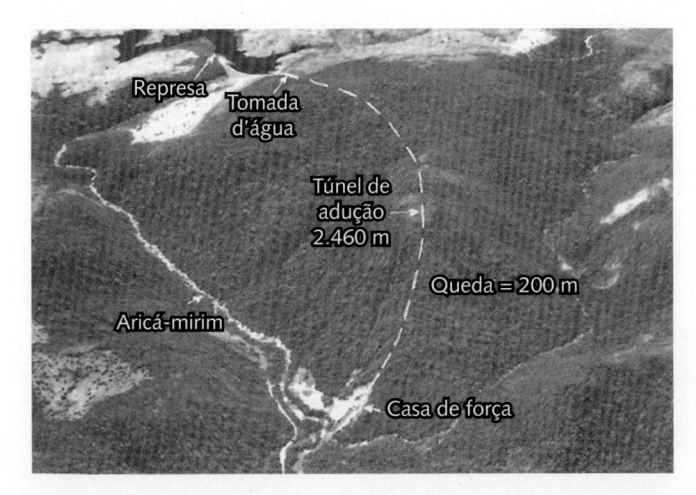

Fig. C8.1 *Localização do empreendimento*
Fonte: Google Earth, imagem de 1º de abril de 2020.

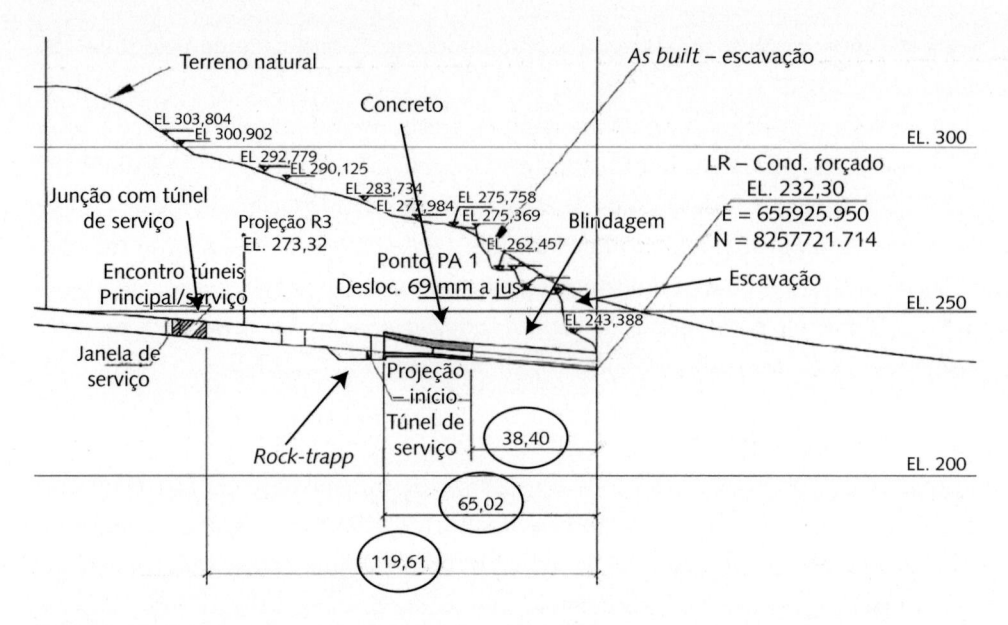

Fig. C8.2 Túnel de adução em seu trecho próximo ao desemboque
Fonte: Kanji (2017).

O dimensionamento da referida extensão é normalmente realizado com base em critérios empíricos, lastreados em uma coletânea de experiências prévias acumuladas, em que é possível aferir os casos de sucesso e os malsucedidos. Os principais critérios são o norueguês, o de Snowy Mountains e o de Don Deere, com suas respectivas variantes por obra de diversos autores.

Do lado direito hidráulico do túnel de adução existe um túnel auxiliar ou de serviço, com extensão inferior à centena de metros, que possibilitou o acesso direto a meios mecanizados ao longo do túnel na etapa construtiva e que foi plugado com uma "rolha" de concreto ao final das obras.

C8.3 Classificação geomecânica do maciço rochoso

Em toda a sua extensão (2.460 m), as paredes e a abóbada do túnel, foram detalhadamente mapeadas e classificadas, tendo-se adotado o critério de Bieniawski, que resultou na identificação de trechos de competência diferenciada, para os quais foram definidas formas de tratamento diversas. A Fig. C8.3 apresenta de maneira resumida a classificação do túnel auxiliar e do trecho terminal do túnel principal, junto ao desemboque.

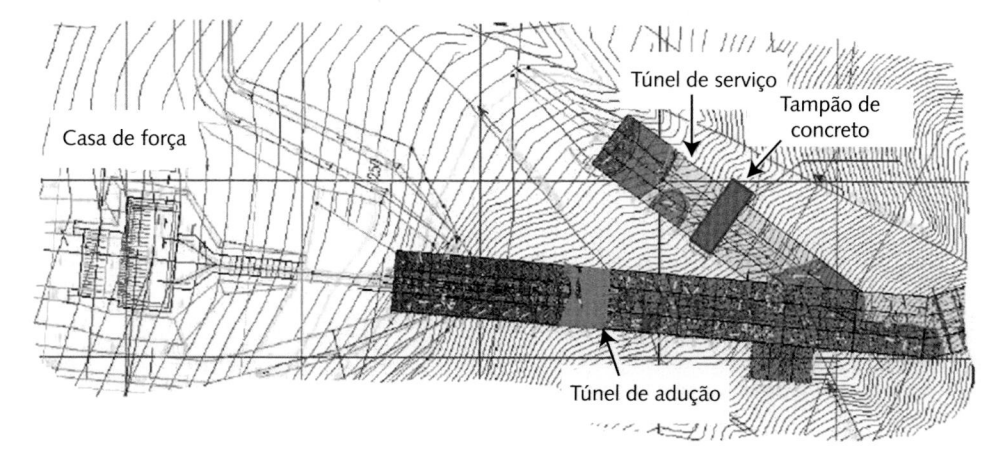

Fig. C8.3 Classificação geomecânica das paredes e das abóbadas dos túneis de adução e auxiliar
Fonte: Kanji (2007).

C8.4 Descrição do acidente

C8.4.1 Pressurização do túnel de adução

O histórico de pressurização do túnel de adução registra que ocorreram, de início, dois enchimentos parciais, seguidos pelo esvaziamento do túnel, em face de vazamentos ocorridos em equipamentos mecânicos (válvula borboleta, no primeiro caso, e junta de dilatação do conduto forçado, no segundo). Nos dois enchimentos preliminares, a coluna d'água no interior do túnel não ultrapassou 60 m. A Fig. 3.20, na primeira parte do livro, registra o histórico de pressurização do túnel.

Nos dois enchimentos preliminares, não foram observados vazamentos nas obras civis, e as estruturas de vedação, nos túneis principal (bloco de transição) e de serviço (tampão), comportaram-se bem, com apenas algum gotejamento. Uma inspeção interna após o primeiro vazamento não detectou quedas significativas de rocha das paredes e da abóbada do túnel de adução.

C8.4.2 Sequência de eventos

Logo após os reparos na junta de dilatação do conduto forçado, o túnel de adução se encontrava na fase final de enchimento quando a ruptura ocorreu depois que a coluna d'água no interior do túnel se igualou ao nível do reservatório, em torno da cota 420,00 m. Todo o volume de água que preenchia o túnel de adução foi despejado em poucas horas e a vazão de descarga seguiu uma lei exponencial decrescente, de início extremamente violenta.

C8.4.3 Extensão da área envolvida na ruptura

O acidente resultou no surgimento de uma extensa superfície de ruptura que ultrapassou os limites do túnel de adução e se alastrou pela encosta, alcançando a superfície do terreno tanto nas laterais quanto ao longo da encosta acima do túnel.

Fortes surgências de água ocorreram no contorno da referida superfície de ruptura, concentradas em alguns locais. Foi possível rastrear o percurso feito pela água a partir das surgências, com características de enxurrada. Um dos caminhos percorridos pela enxurrada foi o acesso ao túnel auxiliar, onde se localiza o tampão (Fig. C8.4).

Fig. C8.4 *Vista do emboque do túnel auxiliar e da encosta adjacente. A área em primeiro plano serviu de leito para a enxurrada causada pelo súbito esvaziamento do túnel de adução*
Fonte: Kanji (2017).

C8.5 Consequências do acidente

Como já referido, quando do evento de 11 de novembro de 2009 o empreendimento estava finalizado em suas obras civis e os equipamentos de geração de energia estavam em fase de teste. Além dos danos causados no interior do túnel, o sinistro ocasionou o alagamento da casa de força e a consequente paralisação dos testes (Fig. C8.5).

C8.6 O interior do túnel de adução

Após o acidente, o acesso ao interior do túnel de adução podia ser realizado através da escotilha de inspeção instalada no lado direito hidráulico do conduto metálico (Fig. C8.6).

Devido às precárias condições de iluminação, as imagens das figuras a seguir, tiradas no interior do túnel, perdem a nitidez quando se focalizam grandes espaços

Fig. C8.5 *Inundação da casa de força*
Fonte: Kanji (2017).

e somente melhoram quando se focam detalhes. A Fig. C8.7 mostra a extensa superfície de ruptura interceptando a seção do túnel de adução no encontro com a seção do túnel auxiliar. A superfície de ruptura percorre as paredes do túnel, com mergulho acentuado de montante para jusante, superior à declividade do túnel (cerca de 8°), e se manifesta na forma de uma fenda contínua, com abertura da ordem de grandeza decimétrica.

A quantidade de blocos e fragmentos de rocha desprendidos das paredes e da abóbada do túnel, acumulados no piso, era muito grande, ocupando todo o espaço do túnel e dificultando o deslocamento (Fig. C8.8).

Os blocos tombados se distribuíam em maior quantidade ao longo dos primeiros 50 m a partir do *rock trapp*, isto é, até alcançar o encontro com o túnel de serviço. Os blocos eram tipicamente delimitados pelo sistema de compartimentação local do maciço. Os planos de diaclasamento sub-horizontal, inclinados para jusante, tiveram particular importância no mecanismo de ruptura. Normalmente essas diaclases se encontram seladas, exibindo estreito contato rocha-rocha.

O extenso plano de ruptura mergulhava de montante para jusante, com ângulo médio pouco superior ao da declividade do túnel de adução (8%), embora localmente exibisse

Fig. C8.6 *Acesso ao interior do túnel de adução realizado, após o acidente, através da escotilha no conduto forçado externo*
Fonte: Kanji (2017).

Fig. C8.7 *Extensa superfície de ruptura que intercepta a seção do túnel de adução no encontro com o túnel auxiliar. A seta à direita assinala o tampão no túnel auxiliar*
Fonte: Kanji (2017).

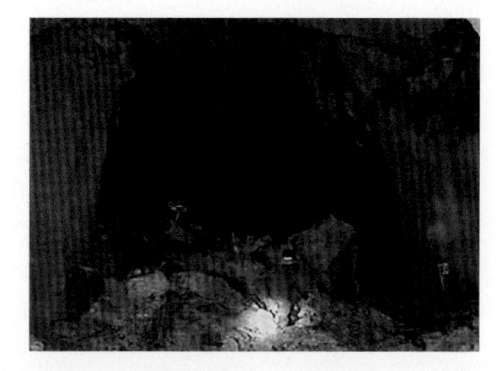

Fig. C8.8 *Grande quantidade de blocos e fragmentos de rocha desprendidos das paredes e da abóbada do túnel de adução*
Fonte: Kanji (2017).

mergulhos mais acentuados e escalonados (Fig. C8.9). Ao longo do túnel auxiliar, o plano de ruptura podia ser observado em ambas as paredes (Fig. C8.10).

O frágil revestimento de concreto projetado nas paredes e na abóbada do túnel não desempenhou qualquer papel eficaz de resistência, tendo sido rompido com facilidade por esforços de tração. Tampouco os chumbadores instalados em função das classes de maciço tiveram efeito benéfico. Mais para montante, ao longo do túnel de adução, após a extensa superfície de ruptura desaparecer no teto, as paredes e a abóbada sofreram apenas pequenos danos, como consequência do esvaziamento instantâneo.

Fig. C8.9 Extensa fenda nas paredes do túnel de adução e do túnel auxiliar. Observar a abertura e o aspecto escalonado do plano de ruptura, mergulhando para jusante
Fonte: Kanji (2017).

Fig. C8.10 Vista do túnel auxiliar e do tampão. Notar o traço da extensa superfície de ruptura ao longo das duas paredes, mergulhando e passando sob o tampão
Fonte: Kanji (2017).

C8.7 A neossuperfície de ruptura

A identificação da extensa superfície de ruptura ao longo dos túneis de adução e de serviço, bem como o mapeamento das surgências d'água e das trincas neoformadas ao longo da encosta externa, levou à formulação de algumas hipóteses sobre as causas dela. Do lado externo do túnel, no trecho compreendido entre o desemboque e o local da casa de força, as paredes de escavação que circundam a área foram também afetadas pelo sinistro (Fig. C8.11).

A rígida capa de concreto projetado que revestia o contorno das paredes de escavação, logo a montante da casa de força, foi trincada em inúmeros locais (Fig. C8.12).

A movimentação da massa sobreposta à superfície de ruptura resultou em uma complexa articulação de trincas, facilmente observáveis nas faces dos taludes revestidos com concreto projetado, que alcançavam abertura da ordem de uma a duas dezenas de centímetros (Fig. C8.13).

Fig. C8.11 *Paredes de escavação na área visível na imagem também afetadas pelo sinistro*
Fonte: Kanji (2017).

Fig. C8.12 *Parede direita hidráulica da escavação na área de aproximação à casa de força. O concreto projetado foi trincado em inúmeros locais*
Fonte: Kanji (2017).

Fig. C8.13 *Detalhe da abertura de trincas ao longo das paredes laterais, na área de aproximação à casa de força*
Fonte: Kanji (2017).

C8.8 O critério de blindagem adotado no projeto

O critério adotado no projeto do túnel de adução considerou que a resistência à tração da rocha levaria a um comprimento significativamente menor da blindagem em relação aos critérios tradicionais geralmente empregados. O critério de projeto pressupôs a existência de um maciço rochoso de elevada resistência mecânica aos esforços de tração, o que não reflete a situação real do maciço granítico do sítio de São Tadeu I, intensamente percorrido por *sheeting*, que correspondem à forma embrionária das juntas de alívio.

Em outras palavras, embora a rocha granítica local possua elevada resistência à tração em corpos de prova intactos submetidos a ensaios em laboratório, o maciço *in situ* não compartilha essa característica, visto que resulta enfraquecido pela presença de frequentes descontinuidades geradas pelo alívio de tensões de confinamento litostático.

C8.9 Extensão da blindagem por critérios tradicionais

Diversos critérios voltados para o dimensionamento do revestimento necessário para assegurar o funcionamento adequado de sistemas de condução de água em túneis pressurizados têm sido desenvolvidos, em particular nas décadas de 1970 e 1980. Em todos os casos, as considerações teóricas cedem lugar ao empirismo, diante das dificuldades decorrentes em avaliar os fatores intervenientes, muitos dos quais não se sujeitam a abordagens matemáticas.

Uma vasta coletânea de dados consta do relatório do Electric Power Research Institute (EPRI, 1987), que apresenta, em sua introdução, um resumo de alguns dos critérios comumente utilizados: o critério norueguês, o de Snowy Mountains e o de Don Deere. A característica desses critérios consiste na análise e na avaliação, em caráter histórico, de casos bem e malsucedidos, em busca de elementos que contribuam para o aprimoramento das técnicas de projeto e o aumento das condições de segurança.

Entre os diversos critérios encontrados na literatura internacional, o de maior aceitação é o critério norueguês, que, no caso da PCH São Tadeu I, levaria a uma extensão da blindagem da ordem de 300 m, a partir do desemboque do túnel de adução, para uma condição de carregamento estático equivalente ao nível d'água do reservatório.

A adoção de um acréscimo de carga da ordem de 30%, para enfrentar condições extremas operacionais, levaria a extensão da blindagem para cerca de 400 m. O emprego do critério de Snowy Mountains conduz a resultados semelhantes aos do norueguês.

A empresa encarregada de projetar a recuperação do sistema de adução determinou que a extensão da blindagem metálica deveria ser de 340 m a partir do desemboque de jusante do túnel.

C8.10 Causas do acidente

O acidente ocorreu ao término do enchimento do túnel de adução, quando a pressão interna no túnel ultrapassou a pressão de confinamento do terreno, isto é, a resistência do maciço rochoso circundante, nas imediações do desemboque. Sob pressão hidrostática de 20 atm (equivalente aos 200 m de desnível) ocorreu a ruptura do maciço rochoso imediatamente a montante do final da blindagem metálica e da estrutura de transição, com a abertura de fendas que se propagaram até a superfície do terreno, possibilitando o escape da água que preenchia o túnel de adução.

Para resistir com segurança às pressões internas, de acordo com os consagrados métodos empíricos de projeto, a blindagem deveria ter se estendido pelo menos 290 m para o interior do túnel a partir do desemboque (Fig. C8.14).

C8.11 Medidas de recuperação
C8.11.1 Primeiras providências

Para a elaboração dos projetos de recuperação dos danos decorrentes do sinistro (Aneel, 2010, p. 78), foi contratada uma empresa de engenharia especializada em projetos de usinas hidrelétricas, com o seguinte escopo:
- determinação da extensão da nova blindagem;
- projetos estruturais das bases de apoio e dos blocos de ancoragem do novo conduto;
- análise hidráulica do conduto forçado;
- projeto estrutural da nova estrutura de transição;
- mapeamento geológico da área sinistrada;
- recomendação de tratamentos geológicos;
- projeto do novo *rock trapp*.

CRITÉRIO BÁSICO PARA PROJETO APLICAÇÃO AO TÚNEL SÃO TADEU

P int = 20 atm = 200 t/m³
P confinam =/> Pint . 1,3 = 200 t/m³ x 1,3 = 260 t/m²
Z min = 260 / 2,6 t/m³ = 100 m
No perfil do terreno, L =/> 290 m

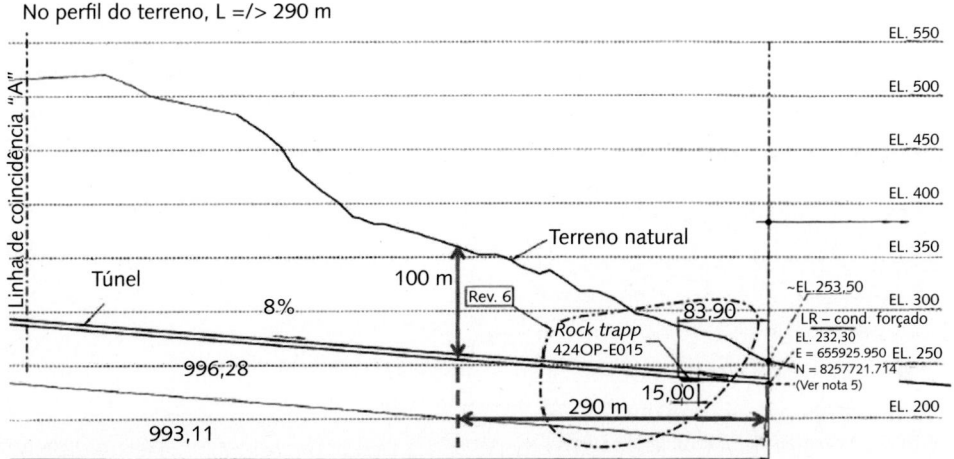

Fig. C8.14 *Definição do critério para determinação da extensão da blindagem*
Fonte: Kanji (2017).

Para o acesso ao interior do túnel de adução, foi necessário remover o tampão de concreto que havia sido implantado no túnel auxiliar, tarefa levada a termo por um exaustivo trabalho realizado com marteletes pneumáticos.

C8.11.2 Registro progressivo dos avanços

Iniciada a etapa de recuperação, a concessionária do empreendimento passou a produzir relatórios progressivos documentando o andamento dos trabalhos de reconstrução das obras; em 10 de agosto de 2010, por exemplo, a concessionária apresentou à Aneel o 38° Relatório de Progresso de Empreendimento – julho/2010, em que registrava a situação da PCH. No citado relatório foi documentada a situação de recuperação das obras civis e dos equipamentos eletromecânicos danificados em decorrência do sinistro no túnel de adução. No túnel de adução, os tratamentos geotécnicos se encontravam em andamento. A recuperação dos equipamentos havia sido finalizada e a maior parte destes já se encontrava na obra, aguardando a remontagem. Os trabalhos de recuperação das unidades geradoras haviam sido finalizados. O trecho inicial blindado do conduto forçado estava em fase de pré-montagem em segmentos maiores, para posterior montagem interna ao túnel.

Em dezembro de 2010 a usina foi autorizada a realizar os testes de comissionamento das máquinas e, em seguida, a iniciar a operação comercial.

C8.12 Comentário final

Cabe aqui um comentário final. É sabido que se aprende mais com os erros do que com os acertos. Silenciar sobre casos de acidentes pode resguardar proprietários, projetistas e construtores, mas em nada contribui para a evolução do conhecimento e o aprendizado. Divulgar as circunstâncias de acidentes ocorridos equivale a contribuir para que eventuais erros praticados ontem não voltem a acontecer amanhã, evitando-se, assim, novos reveses, com os consequentes danos e, eventualmente, vítimas.

Referências bibliográficas

ANEEL – AGÊNCIA NACIONAL DE ENERGIA ELÉTRICA. *Processo n° 48500.000190/2003--95*. Interessado: São Tadeu Energética Ltda. Assunto: Acompanhamento de implantação da PCH São Tadeu I. 2010. 141 p. Disponível em: http://www.consultaesic.cgu.gov.br/busca/dados/Lists/Pedido/Attachments/407460/RESPOSTA_PEDIDO_48500%200190%202003.pdf. Acesso em: 2 maio 2019.

EPRI – ELECTRIC POWER RESEARCH INSTITUTE. *Design Guidelines for Pressure Tunnels and Shafts*. Research Project 1745-17. Final report. Berkeley, USA, 1987.

KANJI, M. A. *Obras em rocha*: influência da Geologia. PEF 2507 (USP). São Paulo, 2017. 126 p.

CASO 9

Este caso, não identificado, é digno de registro por algumas particularidades. A primeira consiste no fato de o túnel de adução ter sido invadido inesperadamente pelas águas pouco antes da entrada em operação, devido a uma súbita elevação do nível do rio, de regime torrencial, que galgou a ensecadeira de proteção da tomada d'água. Outras singularidades decorrem das repetidas operações de esvaziamento do túnel de adução na fase operacional, para propiciar o conserto de equipamentos mecânicos da usina, quando foi identificado um trecho em que a abóbada havia sofrido um desmoronamento localizado. Assim, foi possível definir a forma de recuperação do túnel e acompanhar o processo, que ocorreu em mais do que uma etapa.

C9.1 Dados técnicos do empreendimento

Este caso ocorreu em um aproveitamento hidrelétrico que opera a fio d'água, com potência instalada típica de PCH, com queda bruta da ordem de 200 m. A barragem do empreendimento tem seu eixo a montante da confluência de dois rios, com o objetivo de permitir que as descargas naturais de um deles garantam as vazões residuais (sanitárias) no trecho do rio entre a barragem e o canal de fuga.

A barragem é uma estrutura de concreto gravidade, tendo em sua parte central um vertedouro de lâmina livre. A estrutura tem altura inferior a 10 m e eleva em 6 m o nível d'água natural do rio para possibilitar o acesso das descargas derivadas pela tomada d'água, constituída por uma estrutura de concreto fundada na rocha da margem direita e provida de uma única abertura, que controla a adução em túnel escavado em rocha com extensão pouco inferior a 2 km.

Em seu trecho final, o túnel é blindado, aduzindo as águas à casa de força através de um conduto forçado metálico que bifurca pouco antes de alcançá-la.

A casa de força é do tipo semiabrigada, com duas unidades de eixo horizontal. As descargas turbinadas são restituídas ao leito natural do rio. A Fig. C9.1 apresenta o arranjo das estruturas principais do empreendimento, destacando o túnel de

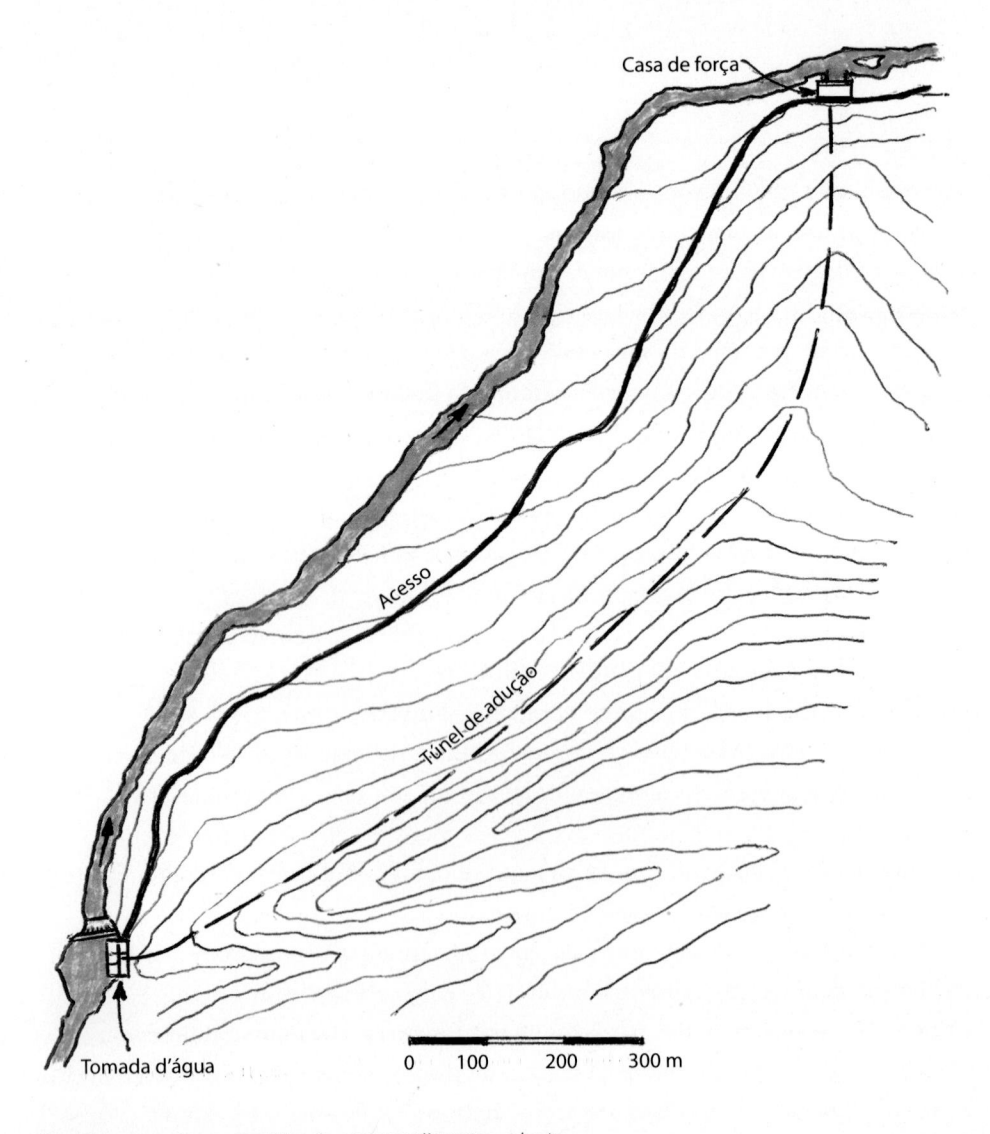

Fig. C9.1 *Arranjo esquemático do empreendimento – planta*

adução, que se desenvolve no interior da encosta do lado direito do vale, acompanhando o rio.

O empreendimento foi atingido por dois eventos, distanciados entre si no tempo e brevemente descritos a seguir.

C9.2 Descrição dos incidentes
C9.2.1 Primeiro incidente
Finalizada a obra, o túnel de adução estava pronto para entrar em operação quando ocorreu uma elevação repentina do nível d'água no reservatório devido a chuvas intensas na região, galgando a ensecadeira que protegia a entrada da tomada d'água. Com isso, um grande volume de água e detritos entrou pelo túnel de adução, arrancando o piso de concreto, que foi arrastado e acumulado em fragmentos ao longo do túnel até o conduto forçado metálico, tendo atingido as válvulas borboleta.

C9.2.2 Segundo incidente
Depois de quase um ano em operação, o túnel foi esvaziado, tendo-se constatado que havia ocorrido um desmoronamento de parte da abóbada nas vizinhanças do *rock trapp*, em coincidência com uma zona de cisalhamento, em que foram identificadas e descritas falhas geológicas preenchidas com material de decomposição da rocha-mãe (caulim e quartzo), com espessura em torno de 50 cm.

C9.3 Causas e consequências do sinistro
C9.3.1 Primeiro incidente
Como referido, o sinistro ocorreu devido à súbita elevação do nível d'água do reservatório, que galgou a ensecadeira da tomada d'água, dias antes da descida da comporta, ocasionando uma série de intervenções, descritas no item C9.4.

Os detritos que penetraram no túnel alcançaram e afetaram partes do conduto metálico, que, posteriormente, tiveram que ser substituídas. Esses detritos atingiram as válvulas borboleta, a montante das turbinas, danificando suas vedações. Extensos trabalhos foram necessários para a reabilitação das duas válvulas, tendo sido forçoso realizar novos esvaziamentos do túnel ao longo dos anos seguintes.

C9.3.2 Segundo incidente
O trecho onde ocorreu o desmoronamento foi mapeado e classificado como maciço gnáissico classe IV. Para a recuperação do trecho, foram aplicadas formas de tratamento com base em chumbadores sistemáticos e em 10 cm de concreto projetado

com fibra ou tela metálica, seguindo a classificação de Bieniawski modificada, tendo-se aplicado, ainda, o impermeabilizante Penetron.

O desmoronamento ocorreu na abóbada, através de descontinuidades com atitude igual à da foliação do gnaisse (direção quase paralela ao fluxo e mergulho aproximado de 40° no sentido da direita para a esquerda hidráulica), sendo que os chumbadores aplicados na direita hidráulica seguiram a geometria estabelecida no projeto original para classe IV, isto é, foram posicionados paralelamente às descontinuidades e à foliação do maciço, conforme esquematizado na Fig. 2.5, na primeira parte do livro.

C9.4 Medidas de recuperação

C9.4.1 Primeiro incidente

Foram seguidos os procedimentos para a recuperação das estruturas danificadas, inclusive do conduto metálico, tendo sido removido todo o concreto do piso, ficando este na rocha sã. Após o término dos serviços de recuperação no túnel de adução, foi realizado o primeiro enchimento, tomando todos os cuidados necessários para tal operação.

C9.4.2 Segundo incidente

Devido ao surgimento de problemas com as válvulas borboleta, o túnel foi esvaziado uma primeira vez, de modo a possibilitar os trabalhos de recuperação. Tendo-se constatado o desplacamento de laje de rocha na abóbada, com a formação de uma capela, realizou-se o tratamento do local com a aplicação de tela metálica e chumbadores, como apresentado na Fig. C9.2.

Posteriormente, em novo esvaziamento do túnel feito para atender à recuperação das válvulas borboleta, constatou-se que o tratamento na abóbada estava preservado, porém com indícios de aumento progressivo da capela formada anteriormente, com parte de blocos e fragmentos de rocha retidos na malha de telas junto à abóbada e outra porção acumulada no piso do túnel (Fig. C9.3).

Em ulterior inspeção do túnel, foi aprovada a recomendação de uma proteção de concreto projetado no trecho desmoronado, em plena seção do túnel, além de enchimento da capela em evolução na abóbada do túnel com argamassa, conforme esquematizado na Fig. C9.4.

O projeto de estabilização do trecho com desmoronamento foi levado a termo, como mostra a Fig. C9.5.

Caso 9 181

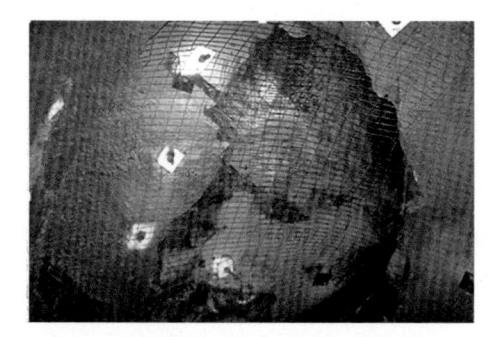

Fig. C9.2 Destaque para a tela metálica na abóbada, fixada pelos chumbadores

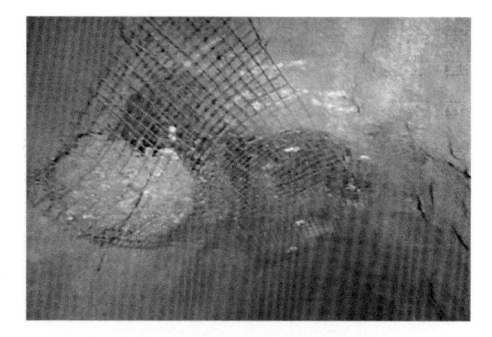

Fig. C9.3 Destaque para o acúmulo de material rochoso retido na tela metálica

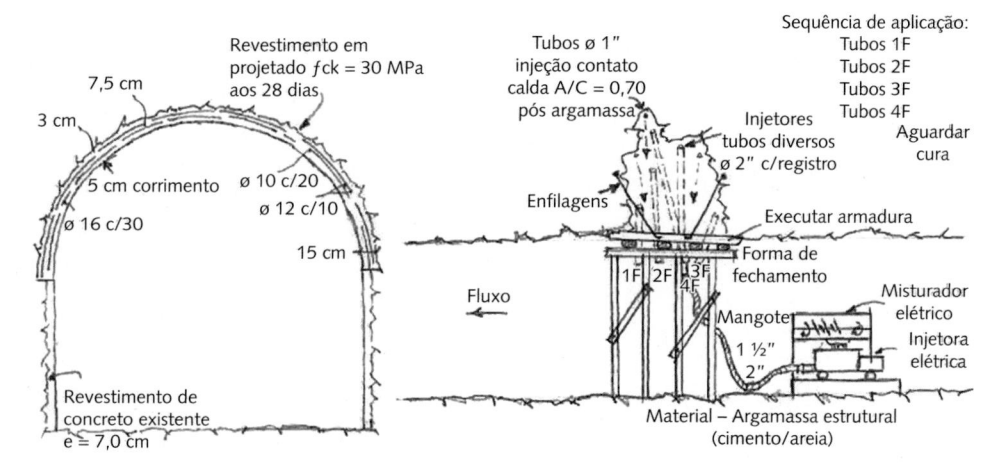

Fig. C9.4 Croquis de recuperação do trecho desmoronado com concreto projetado e enchimento da capela com argamassa

(Labels in Fig. C9.4:)
- 7,5 cm
- 3 cm
- Revestimento em projetado $fck = 30$ MPa aos 28 dias
- 5 cm corrimento
- ø 10 c/20
- ø 12 c/10
- ø 16 c/30
- 15 cm
- Fluxo
- Revestimento de concreto existente $e \cong 7,0$ cm
- Tubos ø 1" injeção contato calda A/C = 0,70 pós argamassa
- Enfilagens
- Injetores tubos diversos ø 2" c/registro
- 1F 2F 3F 4F
- Executar armadura
- Forma de fechamento
- Mangote 1 ½" 2"
- Misturador elétrico
- Injetora elétrica
- Material – Argamassa estrutural (cimento/areia)
- Sequência de aplicação: Tubos 1F, Tubos 2F, Tubos 3F, Tubos 4F, Aguardar cura

Fig. C9.5 Execução de concreto projetado em plena seção do túnel

Por fim, deve ser ressaltado que, decorridos cerca de quatro anos desde a entrada em operação da usina, constatou-se a presença de uma forma erosiva na encosta a montante da casa de força, formando um anfiteatro na linha de um talvegue, por onde se desenvolveu um caminho da drenagem natural das águas de chuva (Fig. C9.6).

Aventou-se a hipótese de que essa erosão poderia estar relacionada à capela formada no túnel de adução, pois o talvegue estaria alinhado paralelamente ao circuito

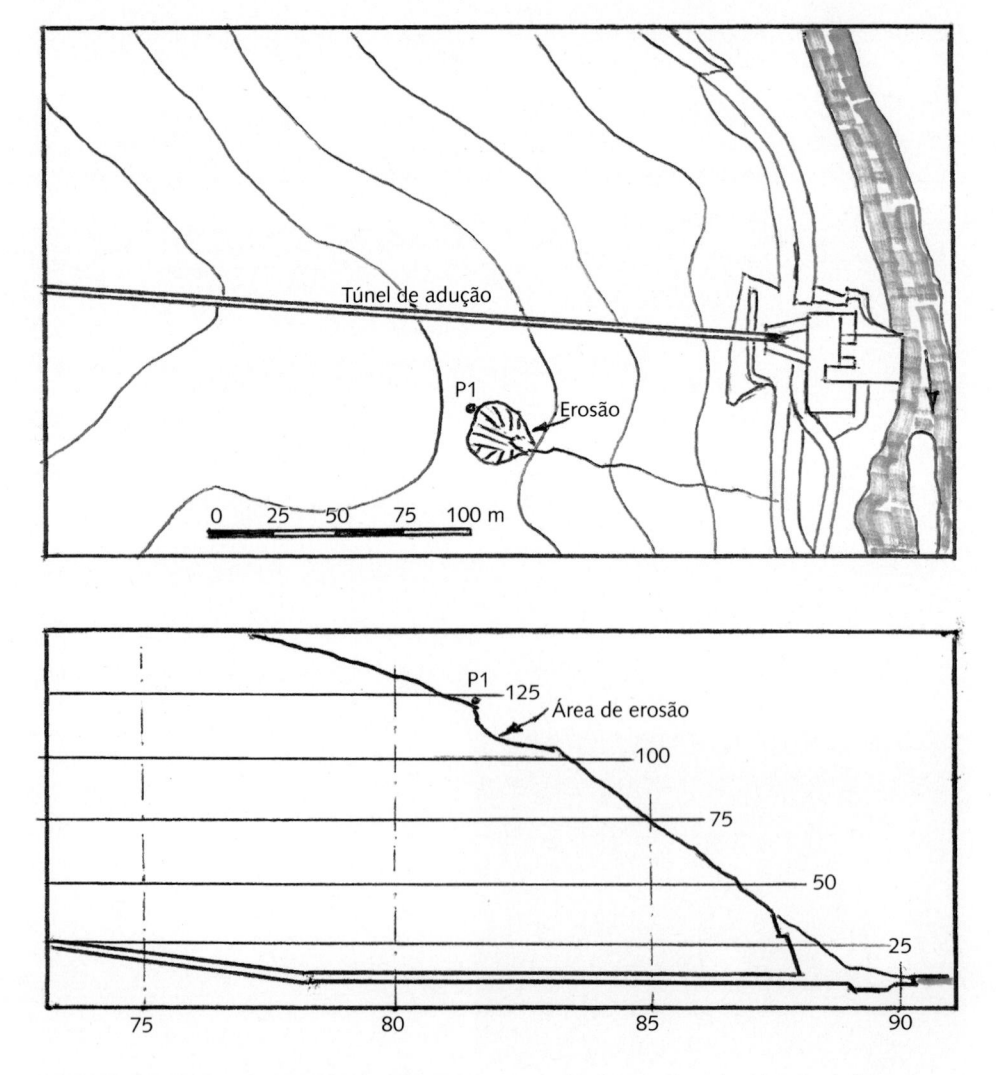

Fig. C9.6 *Em destaque (ponto P1), a erosão no terreno no alto da encosta, acima da casa de força, formando um pequeno anfiteatro*

de adução (túnel projetado na superfície do terreno natural) desde o alto da montanha até a margem direita do rio. Ainda, com a foliação do gnaisse (de direção quase paralela ao fluxo e mergulho de 40°, aproximado) mergulhando da direita para a esquerda hidráulica, poderia ser estabelecida uma relação da capela com a erosão na superfície, mesmo tendo sido a capela preenchida e tratada.

No entanto, o ponto mais alto da erosão (crista) se situava muito acima (mais de uma centena de metros) do túnel pressurizado, o que iria exigir que eventuais fugas de água do túnel influenciassem o lençol freático em distância elevada, o que não chegou a ser comprovado. Para tanto, seria necessário realizar uma investigação profunda, com o emprego de uma rede intensa de piezômetros e/ou medidores de nível d'água, difícil de ser justificada.

Ao que tudo indica, os problemas no túnel de adução e na válvula borboleta foram sanados após os serviços executados nas diversas etapas, e o aproveitamento hidrelétrico continua em plena operação.

CASO 10

Dificilmente alguém poderia prever que a origem de um incidente na etapa final de construção de uma PCH estaria vinculada a problemas no comando de longa distância, como ocorreu neste caso, quando a comporta da tomada d'água de uma PCH em final de construção foi inesperadamente aberta por controle remoto, causando a invasão do túnel de adução pelas águas do reservatório, o que acarretou uma sequela de danos materiais. O ineditismo justifica que este caso seja citado, embora sem identificação da identidade do aproveitamento.

C10.1 Dados técnicos do empreendimento

O caso ocorreu em um aproveitamento hidrelétrico da faixa das PCHs, operando a fio d'água. A barragem é uma estrutura de concreto gravidade, tendo em sua parte central um vertedouro de lâmina livre, com altura pouco inferior a 15 m. Na margem esquerda se aloja uma tomada d'água constituída por uma estrutura de concreto fundada na rocha, provida de uma única abertura, que controla a adução em túnel escavado em rocha com cerca de 730 m de extensão e diâmetro de 5,5 m de base e 6,5 m de arco. No trecho final do túnel se encaixa um conduto forçado metálico, com mais de 400 m de comprimento, que bifurca nas imediações da casa de força.

A casa de força é do tipo semiabrigada, localizada na margem esquerda do rio, com duas unidades de eixo horizontal. As descargas turbinadas são restituídas ao leito natural do rio, sendo a queda máxima de aproximadamente 170 m.

A Fig. C10.1 apresenta o arranjo das estruturas principais do empreendimento, destacando o circuito de adução.

C10.2   Descrição do incidente

A usina estava pronta para ser comissionada e iniciar a geração de energia hidrelétrica, faltando apenas alguns poucos acertos nos equipamentos mecânicos e auxiliares. Inesperadamente, foi aberta a comporta da tomada d'água, por operação remota da central, dando início à entrada de água no circuito de adução, que percorreu o túnel e rompeu o conduto metálico em um bloco de ancoragem, arremessado no pátio da casa de força.

C10.3   Causas e consequências do sinistro

O sinistro ocorreu devido à abertura remota da comporta da tomada d'água, fazendo com que a água acumulada no reservatório entrasse no túnel de adução, passasse pela chaminé de equilíbrio e atingisse parte do conduto hidráulico, tendo sido o fluxo d'água interrompido quando alcançou um bloco de ancoragem. Ressalta-se que as válvulas borboleta na casa de força estavam fechadas.

O incidente pode ser verificado a partir do esquema apresentado na Fig. C10.2: após ultrapassar o local da chaminé de equilíbrio (1), o fluxo de água e ar no conduto forçado (2) foi interrompido quando atingiu o bloco de ancoragem (3), implantado no alto da encosta que abriga a casa de força. Com isso, o bloco de ancoragem foi arremessado encosta abaixo, indo parar no pátio da casa de força (4).

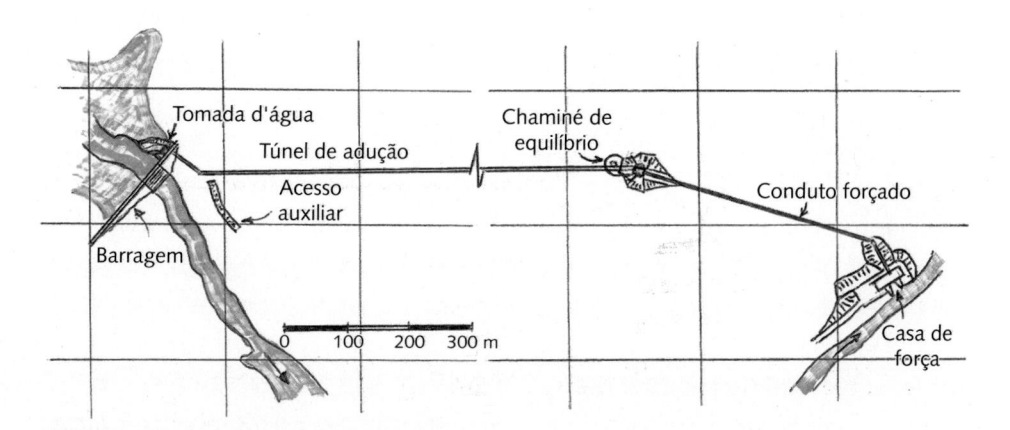

Fig. C10.1 *Arranjo esquemático das principais estruturas*

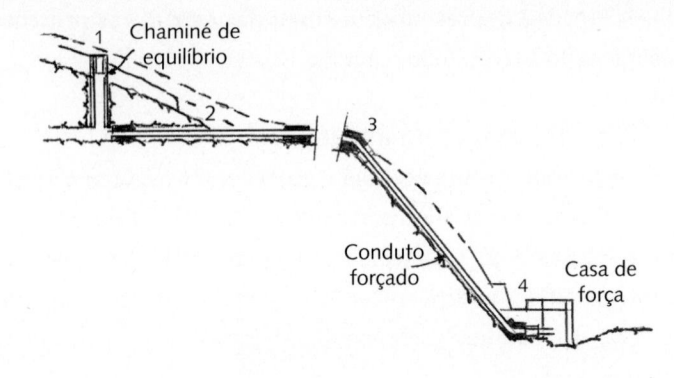

Fig. C10.2 *Sequência esquemática do incidente – seção*

Na área da fundação do bloco arremessado, ficaram expostas as ferragens de várias estacas raiz, sendo que uma aparentava ter sido cisalhada. Constatou-se, posteriormente, que o conduto metálico que aflorava na superfície do terreno natural (2), entre o desemboque do túnel e o primeiro bloco de ancoragem, estava "inflado", exibindo uma pequena fissura. Com o "inchaço", parte da tinta do teto do conduto foi descolada e havia indícios de ferrugem. Nesse trecho observaram-se trincas no concreto em alguns berços.

Com essa constatação, pode-se aventar que a entrada de água no túnel empurrou o ar para fora até a passagem pela chaminé de equilíbrio (1); a partir daí o ar foi sendo comprimido, provocando o "inchaço" e as fissuras no conduto no ponto (2), até "empurrar" o bloco de ancoragem no ponto (3). Com base nessas observações, deduziu-se que esse incidente poderia ser imputado a um golpe de aríete, provocado pelo ar comprimido de encontro às válvulas borboleta.

O bloco arremessado para a área da casa de força atingiu parte do conduto forçado. Outros blocos do conduto forçado apresentaram erosão sob a base. Em alguns ocorreu deslocamento da base do bloco para o alto, ou deslocamento para jusante, em ambos os casos expondo algumas estacas raiz (Fig. C10.3).

Ao longo do talude da encosta da casa de força, que abriga o conduto metálico, o revestimento em concreto projetado foi danificado em algumas partes.

De forma geral, o túnel de adução se apresentou quase intacto, após o incidente. Somente em um trecho ocorreu ruptura do revestimento de concreto projetado na abóbada, expondo a tela metálica, na transição para o conduto metálico (Fig. C10.4).

C10.4 Medidas de recuperação

Foram seguidos os procedimentos para a recuperação das estruturas danificadas, principalmente do conduto metálico, tendo sido reconstruído o bloco de ancoragem lançado e substituídas todas as partes metálicas afetadas. Foram recompostas as bases de concreto erodidas e executadas drenagens superficiais. O trecho do túnel danificado, na transição, foi revestido novamente.

Após o término dos serviços de recuperação, foi realizado o primeiro enchimento do circuito de adução, seguindo todos os procedimentos necessários em tal operação.

Ao que tudo indica, os problemas no circuito de adução foram sanados, após os serviços de recuperação executados, sendo que a usina continua em plena operação.

Fig. C10.3 *Bloco de ancoragem deslocado, expondo as estacas raiz*

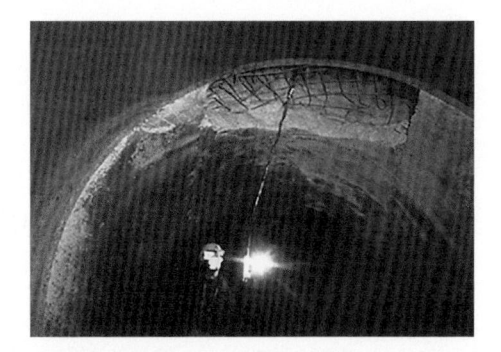

Fig. C10.4 *Ruptura do revestimento de concreto projetado, expondo a tela metálica. Em primeiro plano, o conduto metálico*

CASO 11

O caso 11 é digno de registro por questões básicas, relacionadas ao nível de conhecimento da geologia do túnel de adução da PCH, detalhado no projeto executivo, e à não aplicação de formas de tratamento adequadas na época da escavação. No primeiro enchimento do reservatório ocorreu um incidente grave, devido à penetração de água em uma camada sub-horizontal de brecha basáltica, que ocorre desde 100 m a montante do trecho blindado do túnel até o paredão rochoso de corte no desemboque, tendo ocasionado o deslocamento da estrutura de concreto da casa de força, perceptível a olhos vistos.

C11.1 Dados técnicos do empreendimento

O incidente ocorreu em aproveitamento hidrelétrico da faixa das PCHs, operando a fio d'água. A barragem é uma estrutura de enrocamento com núcleo argiloso, tendo na margem direita um vertedouro de lâmina livre provido de calha, em concreto, que conduz as descargas vertidas até cerca de 40 m de queda para jusante, fundado em rocha basáltica.

Na margem esquerda se aloja uma tomada d'água constituída por uma estrutura de concreto fundada em basalto, provida de uma única abertura, que controla a adução em túnel escavado em basalto denso com intercalação de brechas basálticas, com cerca de 1.700 m de extensão e seção em arco-retângulo de 5,0 m de base e 5,0 m de altura. No interior do túnel, ainda, inicia-se um conduto forçado metálico, com cerca 55 m de comprimento, que bifurca nas imediações da casa de força.

A casa de força é do tipo semiabrigada, localizada na margem esquerda do rio, dotada de duas unidades de geração de eixo horizontal. As descargas turbinadas são restituídas ao leito natural do rio, sendo a queda máxima de aproximadamente 80 m.

A Fig. C11.1 apresenta o arranjo das estruturas principais do empreendimento, destacando o túnel de adução, que se desenvolve no interior da encosta do lado esquerdo do vale, cruzando a alça do rio.

C11.2 Descrição do incidente

A usina estava pronta para ser comissionada e iniciar a geração de energia hidrelétrica, faltando apenas alguns poucos acertos nos equipamentos mecânicos e auxiliares. Foi então aberta a comporta da tomada d'água, para o primeiro enchimento do túnel de adução, por etapas, conforme os procedimentos estabelecidos. Ao alcançar pressão equivalente a uma coluna d'água de cerca de 70 m de altura, foi percebida uma perda de pressão, quando foi solicitado pelo projetista o fechamento da comporta da tomada d'água. Na obra, foi tomada a decisão de prosseguir o enchimento, e, ao se atingir pressurização equivalente a cerca de 80 m de coluna d'água, começou-se a perceber, visualmente, um deslocamento da parede montante de concreto da casa de força, que estava colada ao paredão rochoso no desemboque do túnel de adução. No piso do andar superior da casa de força, foi observada uma abertura de cerca de 3 cm. Foi imediatamente fechada a comporta da tomada d'água e iniciada a despressurização, pelo esvaziamento do túnel de adução.

C11.3 Causas e consequências do sinistro

O sinistro ocorreu devido à não aplicação das formas de tratamento indicadas no projeto executivo, na presença de uma camada sub-horizontal de brecha basáltica

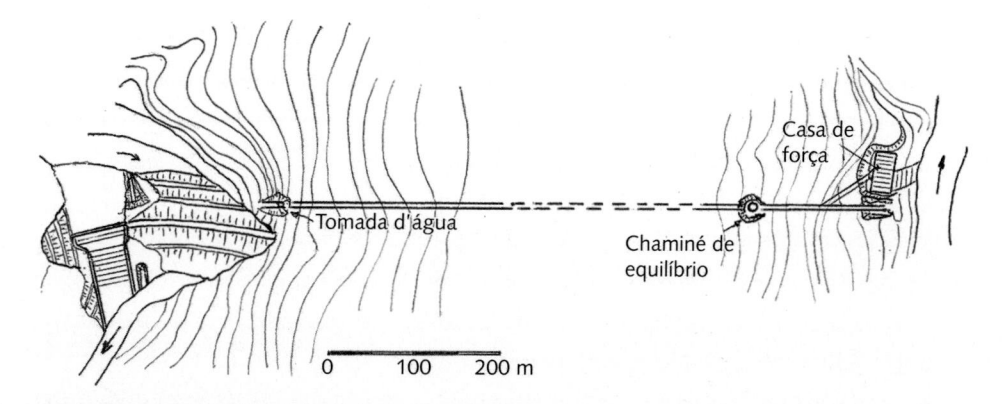

Fig. C11.1 *Arranjo geral das principais estruturas – planta*

(caracterizada como classe III) interceptada pela escavação do túnel de adução, indo aflorar no paredão rochoso, na área da casa de força, alguns metros acima do desemboque do túnel.

Já no projeto básico da PCH, as camadas de brecha basáltica haviam sido identificadas nas sondagens rotativas e no mapeamento geológico de campo, tendo sido caracterizadas como de classe III, nos trechos interceptados pelo túnel de adução (Fig. C11.2).

Durante as escavações do túnel, a brecha basáltica foi localizada e mapeada, praticamente, nos mesmos trechos indicados nos projetos básico e executivo. Na escavação do espelho no desemboque do túnel de adução, a brecha ficou claramente evidenciada e mapeada. A Fig. C11.3 mostra, de forma esquemática, a posição do túnel de adução em relação ao horizonte de brecha basáltica.

Apesar dessas evidências, foi decidido pela obra não fazer qualquer intervenção, mesmo tendo a brecha se apresentado desagregada e com aberturas de até 10 cm. A consequência maior desse incidente, durante a fase final de pressurização do túnel de adução, foi o deslocamento da parede de concreto montante da casa de força, em consequência do empuxo exercido pelo fluxo d'água que atingiu a referida parede, a partir do vazamento no túnel.

C11.4 Medidas de recuperação

De imediato foi interrompido o primeiro enchimento, com o fechamento da comporta da tomada d'água. Em seguida, foi aberto um *by pass* sobre a válvula borboleta e executados drenos a partir do pátio no teto e ao fundo da casa de força, no rumo do paredão de rocha basáltica, até alcançar o túnel de adução, com o intento de ajudar no esvaziamento deste.

Foram executadas injeções de calda de cimento, na tentativa de consolidar a brecha basáltica. Com o túnel esvaziado, foram lançadas camadas de concreto projetado ao longo de toda a seção, desde o início da interceptação da brecha até o trecho blindado. Na parede de concreto montante da casa de força, junto ao espelho do túnel, foram aplicados tirantes e impermeabilizantes.

Essa tentativa não resolveu o problema, pois, ao ser iniciado o segundo enchimento do túnel de adução, os drenos que haviam sido executados anteriormente, no pátio da casa de força, indicavam um fluxo contínuo de água pela camada de brecha, além de manômetros apresentarem pouca pressão.

Após meses sem geração, foi recomendada e executada a extensão da blindagem em aço do túnel, estendendo-se para montante, a partir do desemboque até o

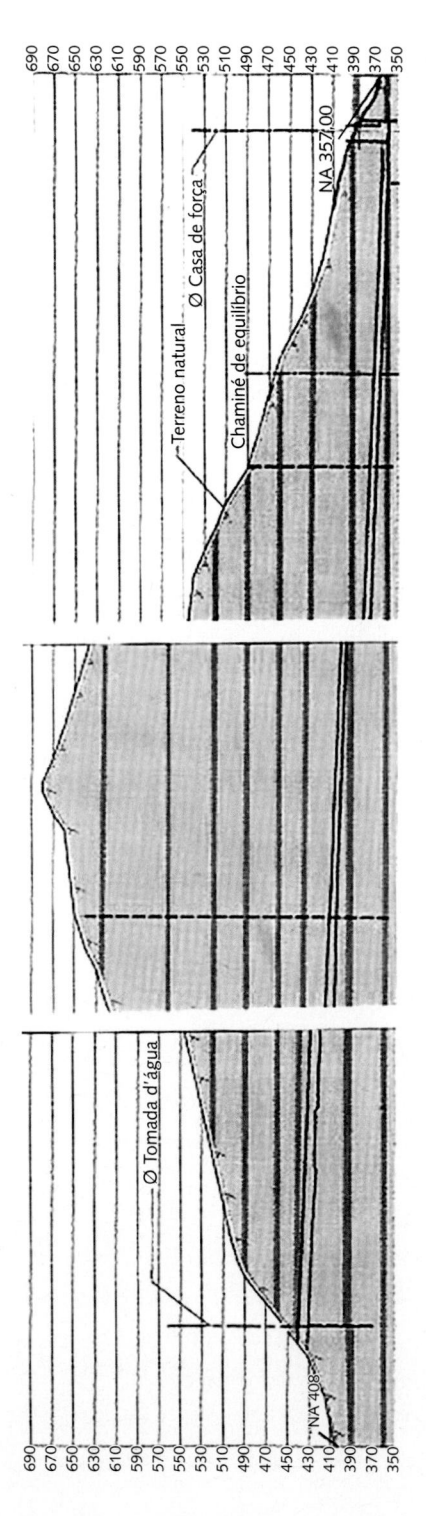

Fig. C11.2 *Seção geológico-geotécnica ao longo do túnel de adução, com destaque para as brechas intercaladas ao basalto denso*

início da camada de brecha. Os problemas no túnel de adução foram sanados após a extensão da blindagem, e o aproveitamento hidrelétrico entrou em plena operação, permanecendo em condições normais de operação até os dias de emissão do presente livro.

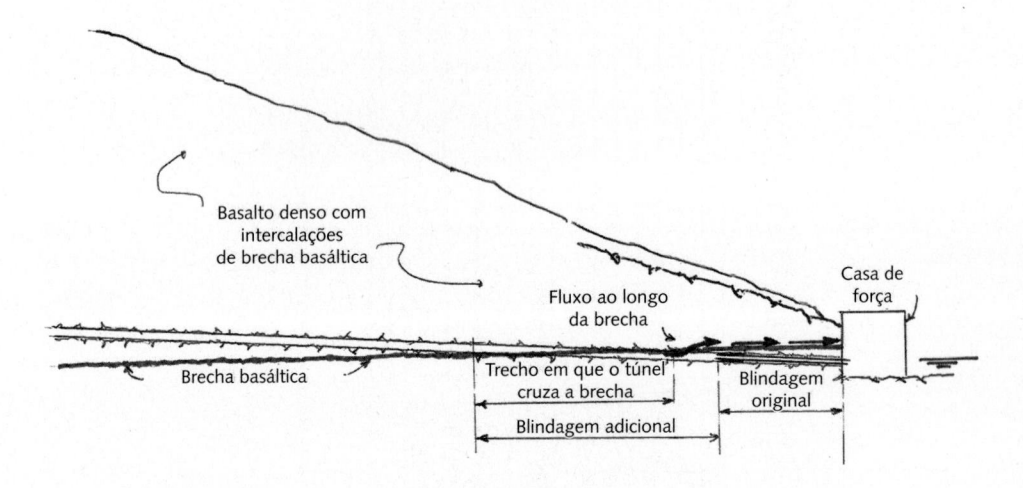

Fig. C11.3 *Seção esquemática mostrando a relação entre o túnel de adução e o horizonte de brecha basáltica*